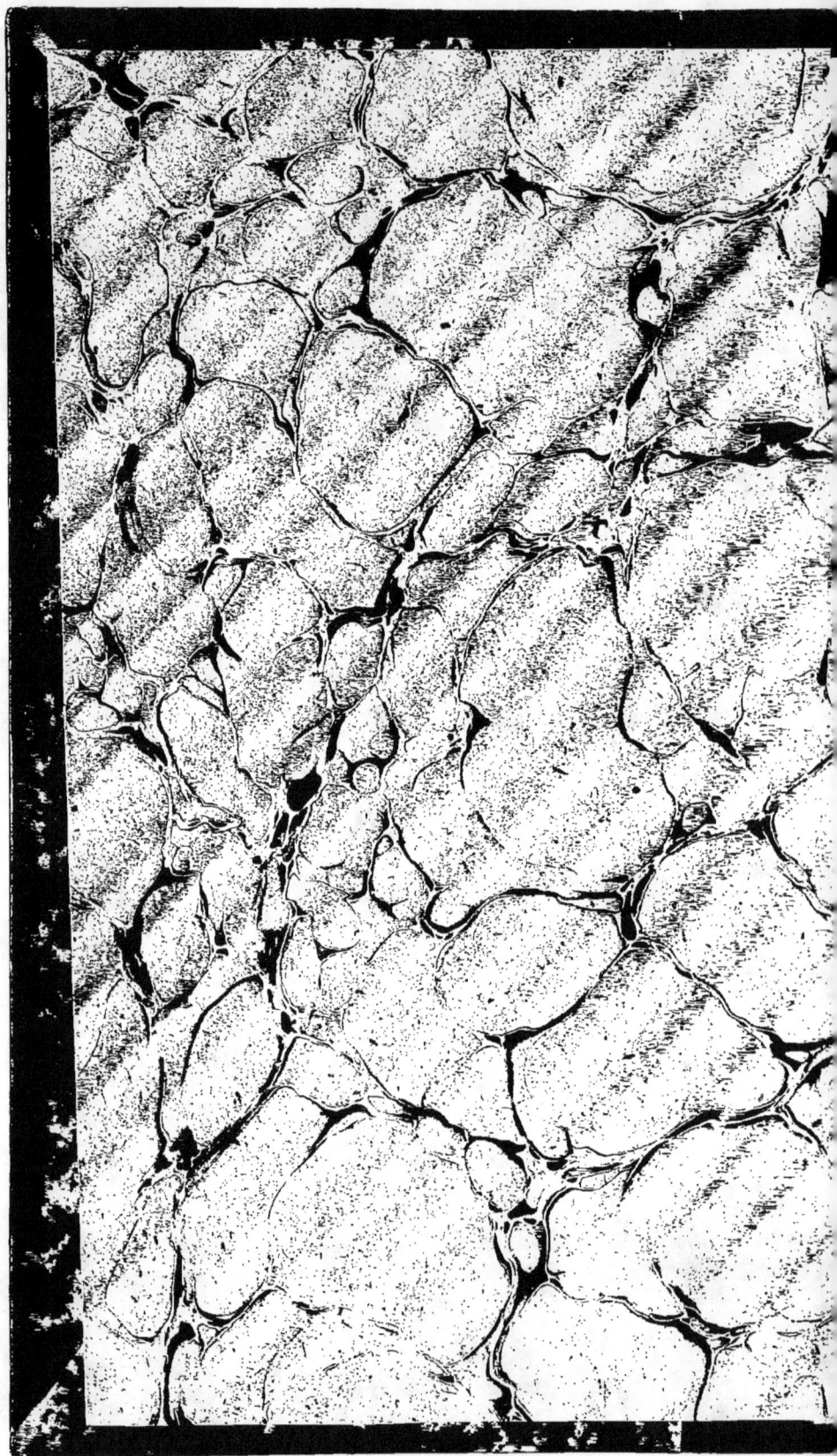

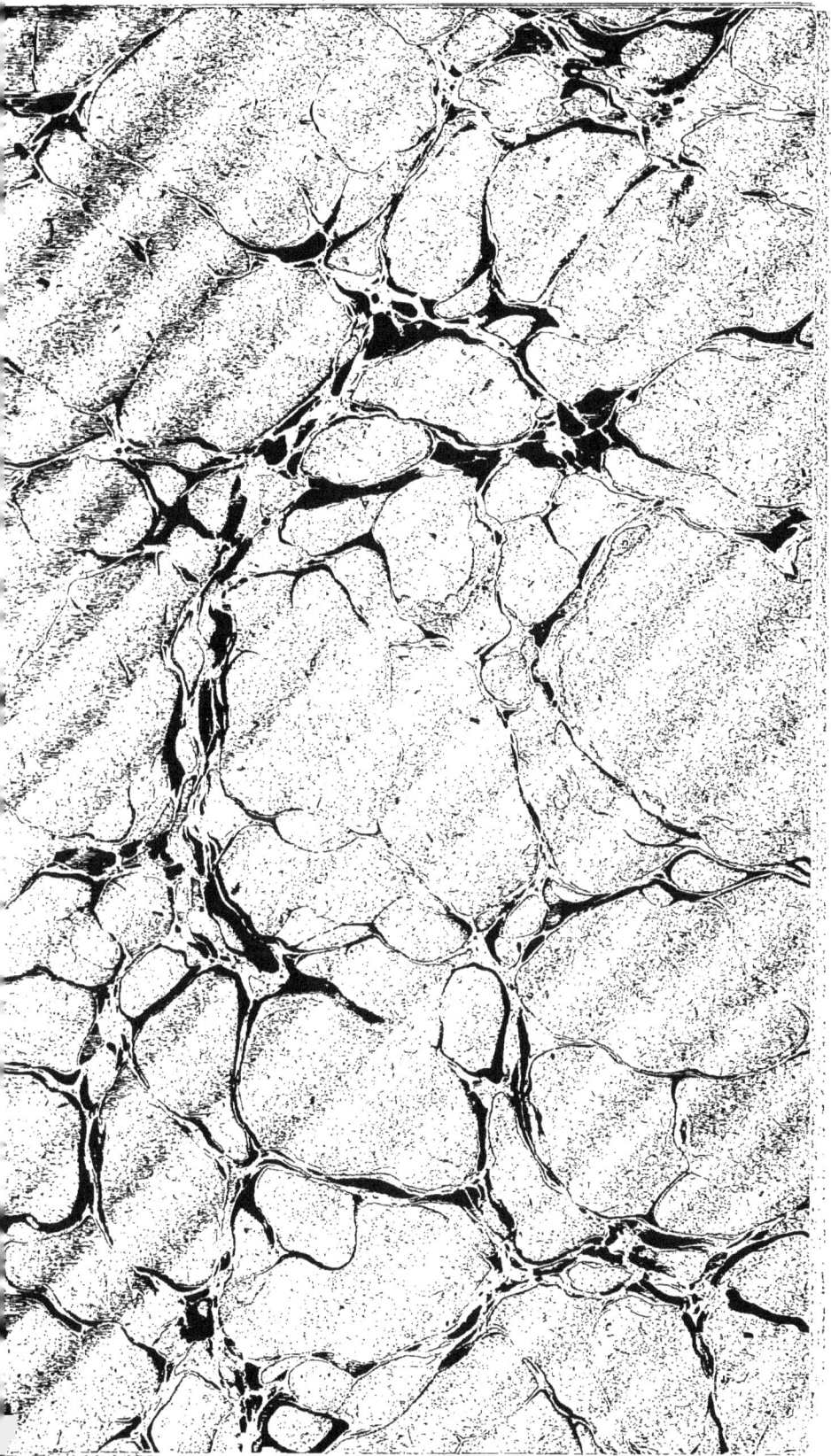

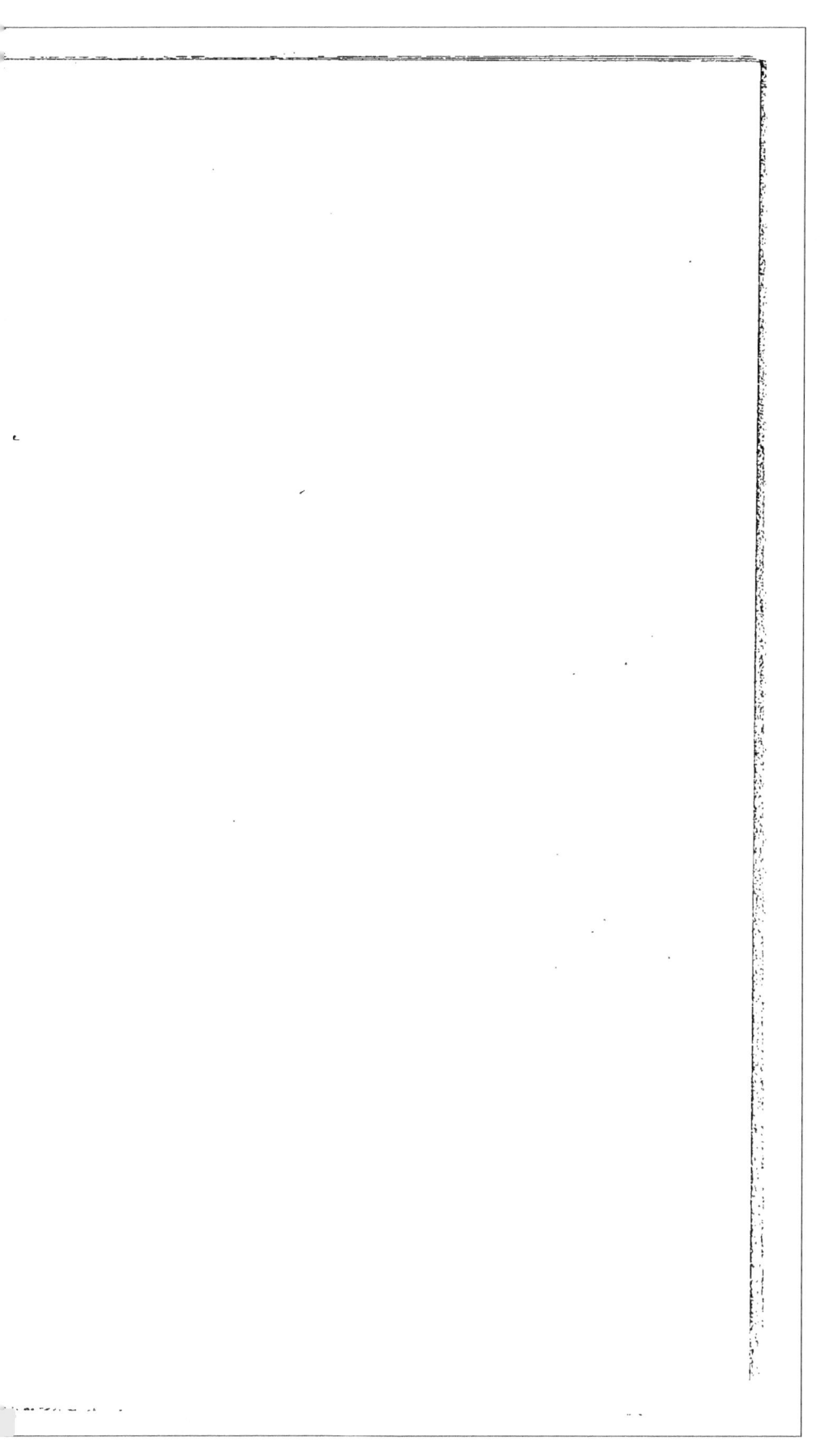

LES

BERGERIES

PARIS. — IMP. SIMON RAÇON ET COMP., RUE D'ERFURTH, 1.

CONSTRUCTIONS RURALES

LES
BERGERIES

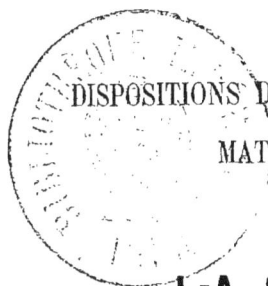

DISPOSITIONS DIVERSES — CONSTRUCTIONS
MATÉRIEL MEUBLANT

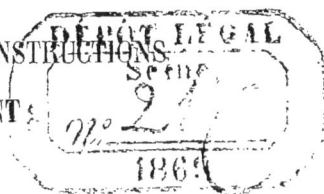

PAR

J.-A. GRANDVOINNET

INGÉNIEUR, ANCIEN ÉLÈVE DE L'ÉCOLE CENTRALE DES ARTS ET MANUFACTURES
PROFESSEUR DE GÉNIE RURAL
A L'ÉCOLE IMPÉRIALE D'AGRICULTURE DE GRIGNON

169 GRAVURES

PARIS
LIBRAIRIE AGRICOLE DE LA MAISON RUSTIQUE
26, RUE JACOB, 26

PRÉFACE

L'ingénieur agricole n'a pas seulement à s'occuper, comme le croient les ingénieurs étrangers à l'agriculture, de la conduite, de l'élévation et de l'aménagement des eaux (*desséchements, drainage et irrigations*), mais surtout des *machines agricoles* ou utiles à l'agriculture et aux industries annexées à la ferme, et, enfin, des *constructions rurales*.

Ainsi, outre les applications les plus directes de la géométrie à l'arpentage et au nivellement ; outre l'étude des principes de la mécanique générale et de ses applications à la machinerie gé-

nérale, le cours de génie rural comprend trois
parties bien distinctes :

1° La machinerie agricole (40 leçons) ;

2° Les constructions rurales (17 leçons) ;

3° L'aménagement des eaux (conduite et distribution d'eau, desséchement, drainage et irriga-
tion) (18 leçons).

Le petit traité que nous publions aujourd'hui
est le sujet d'une des *cent* leçons que comporte le
Cours complet de génie rural que nous professons
à Grignon depuis dix-sept ans. Nous nous sommes
efforcé de rendre ce livre aussi complet que possible, en insistant sur les détails de construction,
partie faible des ouvrages de ce genre.

Si nous signalons cette tendance de notre livre,
c'est pour prier les auteurs, qui voudraient traiter
le même sujet, de ne pas plus nous emprunter nos
dessins que notre *texte ;* ces emprunts ont acquis
pour un de nos ouvrages une importance assez
grande (55 pour 100 du texte et moitié des gra-

vures), pour qu'on ne puisse s'étonner de cette observation.

Nous écrivons difficilement et l'exécution de nos dessins nous prend beaucoup de temps. *Cet aveu dépouillé d'artifice* nous fera pardonner une revendication d'ailleurs assez naturelle.

Nous constatons aussi que le peu d'emprunts faits par nous à un excellent auteur étranger sont nettement indiqués ou guillemetés ; que les renseignements puisés chez les constructeurs de claies, d'auges, etc., nous sont acquis puisqu'ils ont exigé de notre part des recherches, des calculs et des réductions de dessins. Que les bibliographes ne concluent donc pas, de ce que nous citons *Stephens* et *Andrews*, que notre livre n'est pas à nous.

A part quelques figures empruntées à de bons articles du *Journal d'agriculture pratique*, nos dessins sont inédits et nous les revendiquons expressément, d'autant plus qu'ils sont en outre la propriété *matérielle* de nos éditeurs et représentent une dépense première considérable, ce qui explique le prix en apparence un peu élevé de cet ouvrage.

Nous préparons, pour les publier successivement, d'autres volumes faisant chacun un *tout* complet : les écuries, vacheries et poulaillers, les granges diverses et les hangars, les laiteries et enfin un volume spécial sur les dispositions d'ensemble des bâtiments de *fermes*.

20 décembre 1868.

DE L'ÉTABLISSEMENT

DES BERGERIES

PREMIÈRE PARTIE

CONSIDÉRATIONS GÉNÉRALES SUR LES DIVERSES HABITATIONS DU MOUTON

1. L'habitation destinée aux moutons varie beaucoup suivant les pays ; on peut lui conserver le nom de *bergerie*, puisque c'est le lieu où le *berger* abrite son troupeau ; mais en n'oubliant pas la distinction nécessaire entre des choses aussi différentes l'une de l'autre que le sont les parcs temporaires ou permanents, les abris

1

plantés, les hangars ouverts . ou les véritables *bergeries*, couvertes et closes.

2. La première question qui se pose est celle-ci : Est-il utile, nécessaire ou indispensable que les moutons soient confinés dans des parcs ou des bâtiments?

5. Pour répondre complétement à cette question, il est tout d'abord nécessaire de rechercher quelles sont les habitudes primitives des animaux de l'espèce ovine et les conditions de leur existence.

4. Le mouton domestique paraît descendre de l'*argali*, qui est d'une taille plus élevée et fort répandu dans le Kamtchatka, les régions montagneuses de l'Asie centrale, de la Barbarie, de la Corse et de la Grèce; ou du *mouflon*, d'une taille à peu près égale, et qui se trouve seulement en Europe et en Afrique, dans la région méditerranéenne. Ainsi les *moutons sauvages* vivaient (et vivent encore) dans des pays relativement froids (le Kamtchatka) ou sur les hautes montagnes des pays tempérés ou à climats très-doux. Leurs descendants, si la domestication ne les a pas trop amollis, doivent donc être capables

de vivre sans danger en plein air dans tous les climats tempérés.

5. Toutefois, ils souffriraient dans les pays où la neige couvre assez longtemps la terre ; ils doivent être alors abrités en hiver. A cette condition, et grâce à la laine qui les recouvre, ils peuvent résister à de grands froids, surtout s'ils sont convenablement nourris. Les moutons ont pu ainsi être élevés jusque dans l'Islande.

6. D'autre part, le mouton peut vivre même dans la zone torride s'il est abrité des grandes pluies et s'il trouve quelque place où l'herbe ne soit pas complétement brûlée.

7. Ainsi, nous pouvons établir tout d'abord ces premiers points : les moutons domestiques peuvent vivre toute l'année en plein air dans les régions tempérées à climats doux, mais ils doivent être abrités contre les neiges et les fortes pluies ; et, dans les climats excessifs, à hivers très-rudes, ils doivent être protégés contre le froid par un logement couvert et clos de toutes parts.

8. L'expérience prouve en effet que le mouton peut vivre en plein air toute l'année dans les climats doux de l'Angleterre et de la Normandie, et

dans les régions sud-ouest et méditerranéenne de la France. Mais il ne suffit pas que ce genre de vie soit possible, il faut qu'il soit avantageux et même préférable à tout autre. Comparons donc ses avantages et ses inconvénients.

9. Les seuls avantages que puisse procurer aux moutons la vie constante en plein air, c'est d'abord de leur conserver la rusticité, la vigueur, l'énergie vitale qui distinguent les moutons sauvages, l'argali et le mouflon ; en second lieu, d'économiser des frais de construction et d'entretien de bâtiments ; enfin de réduire au minimum les soins domestiques des bergers.

10. Les inconvénients de cette vie presque sauvage sont graves. Tant qu'il ne s'agit pour les moutons que de vivre sur des pâturages assez bien fournis pendant la belle saison, la vie en plein air n'a pour eux aucun inconvénient sensible s'ils sont la nuit à l'abri des loups ; mais dès que la terre est couverte de neige ou détrempée par les pluies, et lorsqu'il faut, au moins en partie, fournir au troupeau des aliments de conserve, la vie sauvage est désavantageuse : la plus grande partie de la nourriture fournie ne sert qu'à entre-

tenir la chaleur vitale, et non à faire de la viande ou de la graisse; les maladies des voies respiratoires sont plus fréquentes, et l'humidité continuelle engendre plusieurs affections graves.

11. Ainsi, il doit être admis que s'il n'est pas impossible que le mouton vive toute l'année à l'air libre, il est du moins avantageux que, pendant la mauvaise saison, il trouve un abri contre l'humidité, les vents froids et les bourrasques de neige; et qu'il reçoive une ration convenable pour son entretien.

12. L'abri devra être d'autant plus complet que le climat sera plus dur. Dans le nord, l'est et le centre de la France, une bergerie couverte et close est donc utile, sinon indispensable, comme dans tout autre pays où le mouton ne trouve plus à vivre sur le sol, soit par l'excès du froid, soit parce que la terre est couverte de neige ou parce que de longues pluies entretiennent une humidité nuisible sur le sol.

13. En outre, dans les climats doux, un abri est encore nécessaire pour la nuit contre les loups et contre le maraudage, si le pays est boisé et si la propriété n'y est pas suffisamment protégée.

14. Ainsi, dans presque toutes les situations, un *abri* est utile, sinon nécessaire ou indispensable ; mais sa construction et sa disposition peuvent varier beaucoup avec les climats.

15. Dans la Russie et dans l'Europe centrale, où le thermomètre reste pendant longtemps chaque année au-dessous de la glace fondante, l'abri doit être complet ; c'est-à-dire que les moutons doivent être logés dans un *bâtiment couvert et clos*, une bergerie proprement dite.

16. Sur les hauts plateaux des pays à climats plus doux, il en doit être de même.

17. Dans les climats tempérés ou marins et doux, la température ne s'abaissant jamais beaucoup ni longtemps, comme en Normandie et dans l'ouest de l'Angleterre, la bergerie peut n'être qu'un abri couvert seulement de façon à préserver les moutons de la pluie et permettre de les affourager avantageusement pendant le repos de la végétation herbacée.

18. Enfin, dans les climats tempérés et même un peu chauds, comme la région méditerranéenne en France et dans l'Algérie, les abris pour les moutons se réduiront à de simples enclos, parcs

permanents ou temporaires protégeant les moutons contre les bêtes fauves.

19. Telles sont les conclusions du simple raisonnement; elles sont confirmées, en grande partie, par la pratique des divers pays. Ainsi la Russie, l'Allemagne et la France, pays à climats excessifs, ont depuis longtemps adopté les bergeries couvertes et closes; tandis que l'Angleterre, qui jouit d'un climat marin fort doux au sud-ouest et à l'ouest surtout, n'a pas de bergeries ou n'a, et par exception même, que de simples hangars ou seulement des enclos. Mais si les moutons y vivent encore en plein air toute l'année, même sur les hautes terres de l'Écosse, c'est le fait d'une longue habitude qui tend à se modifier depuis qu'on apprécie mieux le rôle de la nourriture dans l'économie animale et les bons effets d'une stabulation sagement conduite. Du reste, les agronomes anglais ne contestent plus guère l'utilité des bergeries, même pour les troupeaux d'élevage.

20. Dans ce pays, les moutons presque généralement pâturent les navets sur le champ même. Quelques cultivateurs seulement gardent leurs moutons sous des hangars couverts avec cours

attenantes, et ils justifient leur méthode d'engraissement par les résultats d'expériences comparatives.

Une expérience de M. Childer, rapportée par II. Stephens, a donné comme avantages de l'engraissement sous hangar, par rapport à l'engraissement dans le champ de turneps : 1° une économie de 11,5 p. 100 des racines consommées, et un accroissement vif de 6^k,303 de plus par tête dans 90 jours; ce qu'on peut estimer à une économie de 1 centime de racines par tête et par jour et un accroissement de poids de 70 grammes valant au moins 4 centimes : soit en tout 5 centimes par tête.

D'autres expériences, en Écosse, rapportées par le même auteur, ont donné comme bénéfice dû au hangar et par tête, pour la durée de l'engraissement, 1 fr. 57 à 1 fr. 56. Enfin, l'engraissement fait en bergerie close, les moutons attachés au râtelier, a donné un surcroît de bénéfice par rapport aux moutons engraissés dans les champs, de 8 fr. 75, ce qui est considérable, même en défalquant le surcroît de dépenses causé par le transport des racines à la ferme, le transport de la paille et du fumier fait, les intérêts et l'amortissement de la bergerie : les moutons attachés au râtelier mangent sans se déranger l'un l'autre et sans fatigue. Les moutons libres, même sous hangar, se dérangent mutuellement et ils ne mangent pas tous à leur faim : les plus faibles sont victimes des plus forts.

Enfin, quelques agronomes attribuent aux hangars une amélioration de la laine. Il est vrai toutefois que quelques expériences comparatives ont donné des résultats moins avantageux, et même quelques-unes semblent donner l'avantage à l'engraissement dans le champ : cela peut être vrai pour des agneaux en sols très-secs et climats très-doux, mais non en général.

21. D'après les considérations précédentes, nous classerons les diverses habitations du mouton comme suit :

1° *Parcs fixes ou temporaires*, ne pouvant protéger les troupeaux que contre les loups et les maraudeurs et servir au recueil et même à l'épandage des excréments.

2° *Abris plantés* ou *parcs abrités*, protégeant en outre les moutons contre les grands vents et les tempêtes de neige.

1

5° *Hangars* ou *parcs couverts*, protégeant les moutons contre la pluie et la neige et recueillant le fumier.

4° *Bergeries proprement dites*, couvertes et closes, protégeant les animaux de la pluie, de la neige et du froid.

22. Les parcs temporaires peuvent être employés, même dans les pays à *bergeries*, pour porter et épandre le fumier sur le sol en y parquant les moutons pendant la nuit, à certaines époques de l'année.

23. Les enclos ou parcs permanents ne peuvent guère suffire qu'aux bêtes d'élevage, en climats très-doux, et, même pour ces animaux, des hangars ouverts avec une cour spacieuse attenante sont préférables.

24. Dès qu'il s'agit d'animaux d'engraissement, il y a deux considérations de premier ordre qui militent en faveur des bergeries couvertes et closes : c'est que cette disposition peut seule permettre de faire produire, aux aliments consommés par les moutons, tout l'effet possible en viande et en laine et de recueillir le maximum de fumier.

Ainsi, même quand le climat permettrait au

mouton de race rustique de vivre toute l'année en plein air, la bergerie couverte et close bien établie serait encore utile, puisqu'elle économise la nourriture et augmente le fumier.

25. Enfin, en plaçant les moutons en rangs, attachés aux râteliers, ils vivront, reposeront et mangeront plus tranquillement, ce qui porte les avantages signalés à leur maximum.

26. L'illustre Daubenton, dont les ouvrages font autorité en tout ce qui touche à l'entretien et l'élevage du mouton, préférait, il est vrai, le parc à la *bergerie;* mais il n'avait vu ce dernier genre de bâtiment que dans l'état affreux qu'il présente dans une agriculture pauvre et ignorante, peu spacieux, obscur et non ventilé.

27. Les vétérinaires et les agronomes de nos jours ont reconnu que si la vie à l'air libre est possible à la rigueur en quelques climats très-doux, l'hivernage dans une bergerie couverte et close, mais spacieuse et salubre, est une nécessité partout, et qu'il y a même avantage à ce que toute l'année les moutons couchent à la bergerie. C'est l'opinion que nous venons d'appuyer de raisonnements et de faits.

DEUXIÈME PARTIE

PARCS TEMPORAIRES OU MOBILES

CHAPITRE PREMIER

DE L'ÉTABLISSEMENT D'UN PARC TEMPORAIRE

I

Disposition du parc.

28. Lorsque l'on veut maintenir temporairement (la nuit par exemple) sur un point donné, un troupeau, pour le faire pâturer ou le faire *parquer* sur un champ pour fumer le sol, on enferme les moutons dans un carré ou rectangle formé par *des claies*, ou portions de clôture, mobiles.

Nous n'avons plus à discuter si ce système doit être employé ou non, mais bien à examiner ce qui convient le mieux dans le cas où il est adopté.

29. L'opération du parcage coûte d'autant plus pour un nombre donné de moutons qu'il nécessite plus de claies, puisque le matériel est plus coûteux et son transport plus onéreux.

Or, il est prouvé en géométrie que, pour clore une surface donnée par quatre côtés droits, il faut le moindre développement de clôture quand la surface a la forme d'un carré : par suite, tant que la forme particulière du champ ou des bouts du champ ne s'y opposera pas, on disposera le parc en carré.

30. L'espace attribué à chaque mouton dans un parc temporaire dépend de sa taille et en outre de l'intensité de la fumure que l'on veut appliquer au sol. Le minimum nous semble pouvoir être fixé à un demi-mètre carré; le maximum ne peut être déterminé d'une manière absolue, mais il dépassera rarement un mètre carré et un quart : il convient même de ne pas l'atteindre, sauf à diminuer la durée du coup de parc, afin de répartir l'engrais plus uniformément.

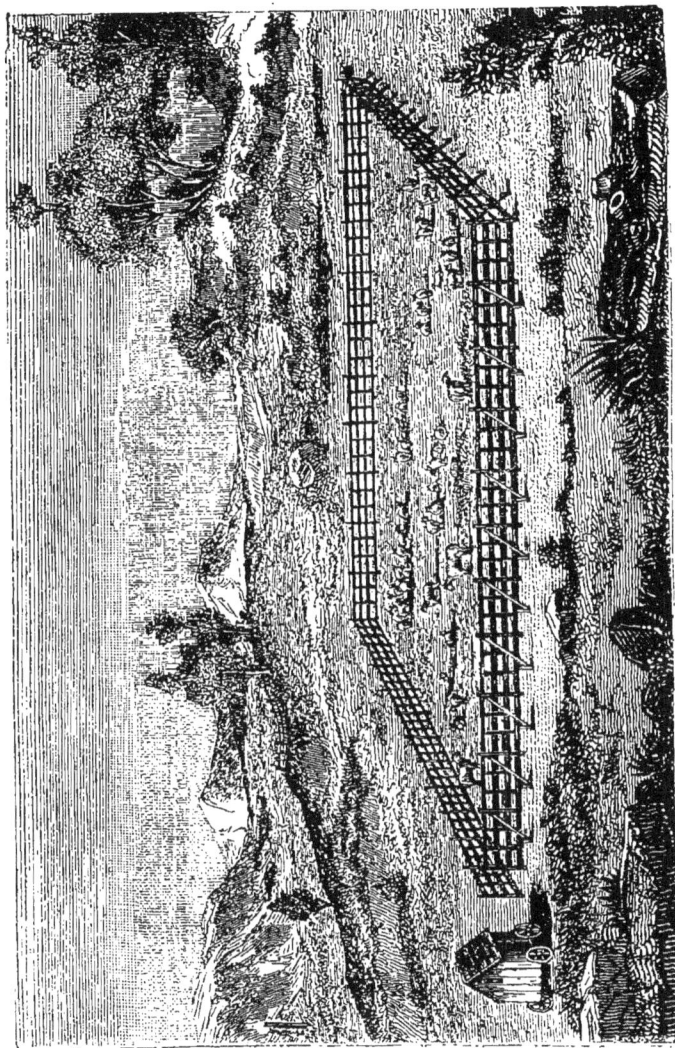

Fig. 1. — Vue en perspective d'un parc avec la cabane du berger.

II

Cabane du berger et des chiens.

31. Nous nous bornerons sur ce sujet à recommander l'établissement d'une cabane à deux ou trois roues (fig. 1) dont l'intérieur soit suffisant pour recevoir le berger qui garde le troupeau. Elle doit avoir 2 mètres de long sur $1^m,17$ de largeur. Une niche à chien, deux au plus, feront aussi partie du matériel de parcage.

CHAPITRE II

I

Claies en bois.

52. Comme le mot même l'indique, on a d'abord employé pour les parcs à mouton des clôtures portatives faites à l'aide de branches minces entières ou fendues en deux, entrelaçant des montants de même genre (fig. 2). Dans la longueur, qui varie suivant les lieux, on ménage trois trous assez grands pour laisser passer, de champ, la double béquille des crosses (fig. 8) qui doivent soutenir verticalement les claies.

Ces claies peuvent être économiques en quel-

ques pays, mais elles sont lourdes : il est vrai
qu'elles ont l'avantage particulier d'abriter les
moutons contre le vent.

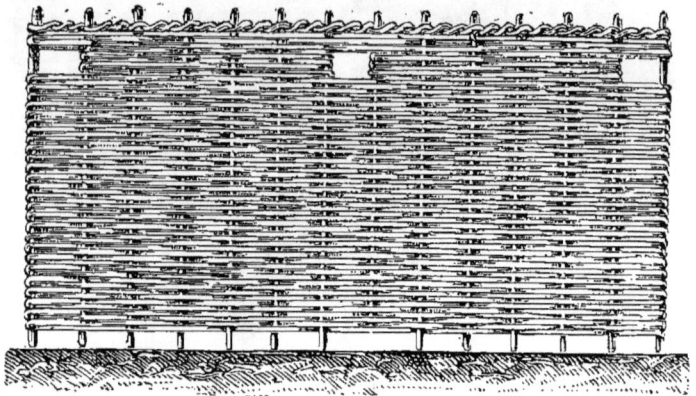

Fig. 2. — Claie en osier.

55. Une forme de claie très-communément
employée en Angleterre d'après M. H. Stephens,

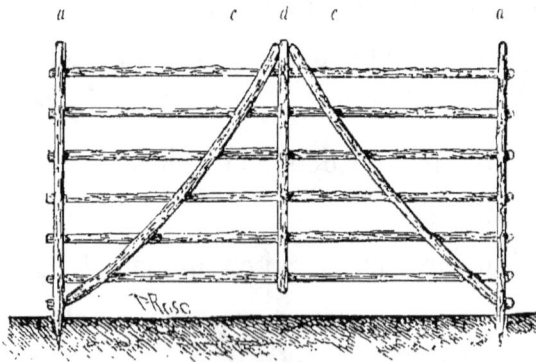

Fig. 5. - - Claie anglaise en bois brut cloué.

est représentée par la figure 5. Elle est faite avec

toute sorte de saule ou de bois dur tel que chêne de taillis, jeunes frênes de taillis, ou de coudriers ; elle se compose de deux pieux principaux *a a* et d'un troisième intermédiaire, *d ;* six traverses sont assemblées à mortaise dans les deux pieux *a a* et clouées ainsi que sur le pieu intermédiaire : les clous doivent être assez forts et longs pour pouvoir être rivés : deux guettes ou contre-fiches *c, c,* empêchent toute déformation de l'ensemble. Avec cent perches, valant 22 fr. 50, on fait 36 claies qui, en comprenant les clous à 1 fr. 39 le kilogramme et la main-d'œuvre, coûteront 39 fr. 38, ou 1 fr. 094 la claie.

Les barres ou traverses sont coupées à $2^m,743$ de longueur ; mais l'assemblage les diminue de façon que d'axe en axe les pieux extrêmes sont distants de $2^m,540$ seulement : les traverses dépassent les pieux de 26 à 50 millimètres.

Il faut compter sur une longueur de $2^m,515$ par claies, quand elles sont posées ; soit 0 fr. 455 par mètre.

54. Pour poser ces claies, on fait dans le sol, avec le pic en fer de $1^m,219$ de long (fig. 4) des trous de $0^m,25$ de profondeur, dans les-

quels on enfonce les pieux extrêmes : les pieux voisins de deux claies sont à environ 0^m,30 l'un de l'autre, d'axe en axe. On retient ces claies verticalement en place par l'accouplement des pieux voisins de deux claies contiguës à l'aide de branches flexibles de saule, de houx ou de hêtre, enroulées en une couronne de 0^m,127 de diamètre.

55. Une seconde manière de faire les claies avec des branches ou perches provenant de taillis est employée dans le centre de la France : sur deux traverses minces, on enfile des branches fendues : les traverses sont elles-mêmes réunies à l'aide de trois montants percés de mortaises au travers desquelles elles passent. Les branches de chêne conviennent pour les bâtons ; les traverses et les montants peuvent être en bons pins refendus à la scie.

56. Ces claies peuvent être maintenues à l'aide

Fig. 4.
Pic en fer pour percer les trous en terre.

de crosses, figure 8, dont la tête est passée entre deux bâtons, ou à l'aide de pieux et d'anneaux en branches flexibles.

37. Une des meilleures manières de faire les claies est représentée figure 5. Tout l'ensemble

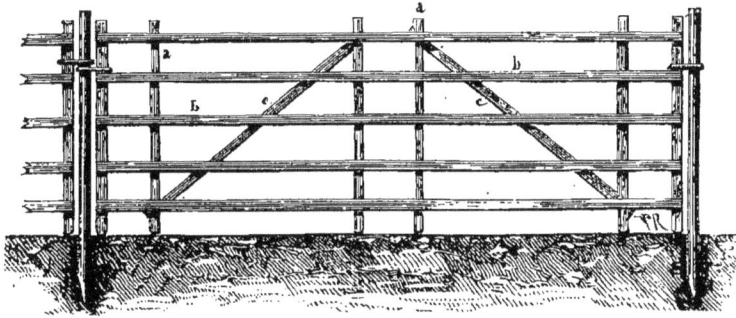

Fig. 5. — Claie en lattes de sciage clouées.

est fait en lattes de sciage de sapin ou autre bois léger. Les troncs d'arbre étant ordinairement débités en morceaux de 4 mètres de long, et donnant des levées ou dosses de peu de prix, on refend ces dosses à la scie et on obtient des lattes de 4 mètres ayant toujours au moins deux côtés *lavés* ou deux faces de sciage. On coupe quelques-unes de ces lattes pour faire les montants *a a ;* pour n'avoir point de déchet, il faut que ces montants aient 1^m,55 de haut : de même les *guettes* ou *contre-*

fiches c c auraient 2 mètres ; enfin les traverses ont 4 mètres.

Les deux pièces obliques *c c* ne peuvent jamais être supprimées; elles sont indispensables pour empêcher la claie de se déformer : le triangle est en effet la seule figure dont la forme ne puisse varier; le rectangle peut, au contraire, sous des efforts latéraux, se transformer en parallélogramme.

Pour faire une claie de 4 mètres de long qui tiendra, une fois en place, $4^m,15$, il faut six fois $1^m,55$ (montants), deux fois 2 mètres (contre-fiches) et cinq fois 4 mètres, ou, en tout, 52 mètres ou 8 lattes : valant suivant les localités de 22 à 28 francs le cent ; avec les clous qu'il faut river et la main-d'œuvre, chaque claie peut revenir à 2 fr. 50 en moyenne, soit par mètre courant de clôture 0 fr. 605.

38. Pour retenir verticalement ces claies, on les attache par des anneaux, adhérents aux claies mêmes, à des poteaux enfoncés dans le sol.

39. La figure 6 représente une claie écossaise faite aussi en bois de sciage, mais de disposition différente. Chaque claie se compose de 4 traverses, G, assemblées de chaque bout, dans les mortaises

de deux forts montants, A, et clouées : un montant
intermédiaire E et deux contre-fiches F sont cloués
sur les traverses pour empêcher toute déformation ;

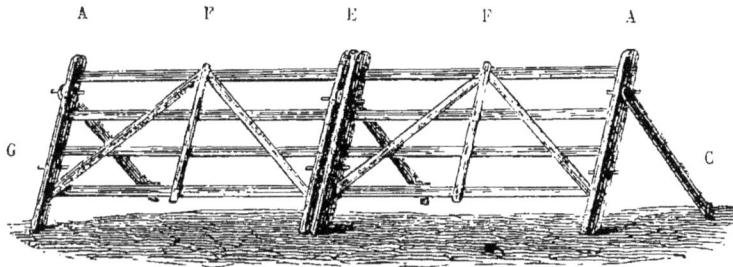

Fig. 6. — Claie en bois de sciage, et à contre-forts.

le bord supérieur de la traverse haute est à $1^m,145$
du sol quand la claie est posée : elle a environ
$2^m,45$ de longueur.

Fig. 7. — Maillet pour enfoncer les piquets.

40. Ces claies sont tenues presque verticalement à l'aide de contre-forts C : chacun d'eux passe,
du haut, entre les montants voisins de deux claies
et le tout est traversé par une forte cheville en
bois ; les deux montants sont en outre reliés en

bas par une autre cheville. Le bas de chaque con-
tre-fort est percé d'un trou et retenu par une cheville contre un pieu enfoncé dans le sol, à l'aide du
maillet vu dans la figure, à part. Ce genre de
claie n'est pas très-commode à poser et à déplacer.

41. On se sert, pour retenir diverses claies en
bois, d'espèces d'arcs boutants ou contre-forts représentés sous deux faces par la figure 8. Ces

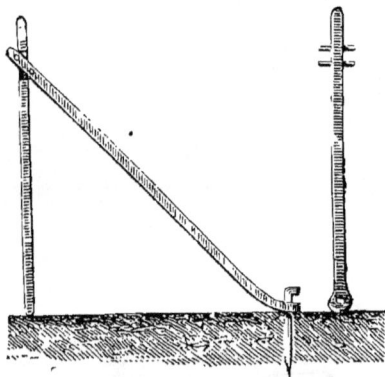

Fig. 8. — Crosse en bois vue de face et de profil.

pièces de bois en raison de leur forme s'appellent
crosses : il en faut 2 ou 5 par claie suivant sa
longueur; elles sont armées en haut de deux
fortes chevilles saillant de chaque côté, et percées
en bas d'un trou au travers duquel on enfonce un
piquet, en bois ou en fer, et à tête, que l'on ap-

pelle *clef* parce qu'il *ferme* l'assemblage. On entre les crosses entre deux montants en plaçant les chevilles verticalement, puis on les retourne pour qu'elles embrassent entre elles les montants à droite et à gauche.

42. Les claies en bois sont généralement peu coûteuses, mais leur durée est assez limitée : leur prix varie entre 0 fr. 40 et 0 fr. 60 par mètre courant, non compris les crosses et les pieux s'il y a lieu.

Leur durée est de 5 à 10 ans suivant les soins pris pour assurer leur conservation : elles ont besoin d'un entretien assez coûteux. On peut établir, comme suit, le prix de revient annuel de 100 mètres de claies :

Intérêt du prix d'achat 5 p. 100 de 40 à 60 fr. ou	2 fr. 00 à 2 fr. 00	5 fr. 00 à 5 fr. 00
Entretien 5 p. 100 de 40 à 60 fr. ou.	2 fr. 00 à 2 fr. 00	5 fr. 00 à 5 fr. 00
Amortissement par annuités en 10 ou 5 ans, 7 fr. 55 à 17 fr. 16. Pour 100 de 40 à 60 fr., ou	3 fr. 02 à 4 fr. 55 ou	6 fr. 86 à 10 fr. 50
Totaux.	7 fr. 02 à 8 fr. 55 et	12 fr. 86 à 16 fr. 50
Pour les crosses et piquets de. .	2 fr. 60 à	4 fr. 86
En tout, par 100 mètres de claies.	10 fr. 58 à	19 fr. 44

2

II

Claies en fer.

43. Les claies en fer remplaceraient avec avantage celles dont nous venons de parler, si leur prix n'était pas un peu trop élevé. Ce défaut, il est vrai, diminue chaque année ; car les inventeurs s'ingénient à trouver des dispositions d'ensemble, ou des formes de fer qui permettent de faire les claies légères, solides et peu coûteuses. Nous n'avons que l'embarras du choix dans les catalogues ou prospectus anglais et français.

44. La figure 9 représente la claie de M. Hill et Smith, de Dudley (Staffordshire), primée par la Société royale agricole d'Angleterre : elle est fabriquée avec de bon fer, à l'aide de machines spéciales le travaillant *à froid ;* la première partie de la figure, à gauche, représente la claie à traverses en fer rond ; la claie de droite a ses quatre traverses inférieures en fer feuillard. Pour les moutons, la première disposition convient

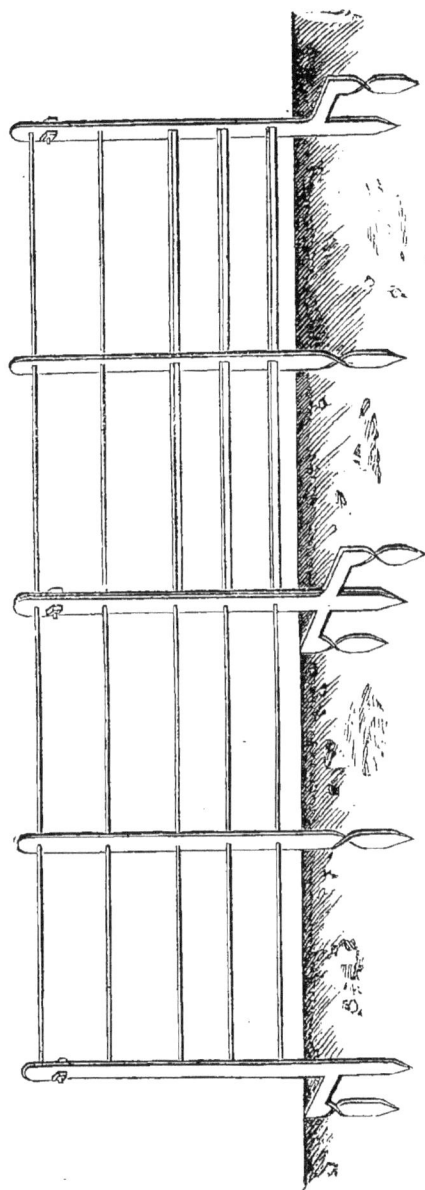

Fig. 9. — Claie primée de Hill et Smith (n° 8 *a*).

aussi bien que la seconde (nᵒ 8 *a* du catalogue). La première claie a 1ᵐ,828 de long et 0ᵐ,914 de haut : elle est enfouie en terre de 0ᵐ,504 ; ses cinq barres rondes ont 12ᵐᵐ,7 de diamètre ; les trois montants sont en fer plat de 51ᵐᵐ,75 de large sur 6ᵐᵐ,35 d'épaisseur : le dessin montre bien comment les pieds des montants sont tortillés pour leur donner le moyen de résister aux efforts latéraux.

45. Ces claies se relient l'une à l'autre par un seul petit boulon à écrou pouvant valoir 0 fr. 10 au plus.

46. Chaque claie coûte, entière, prise aux ateliers, 4 fr. 06, soit par mètre courant 2 fr. 22 ; elle peut peser environ 16ᵏ,655. Ce qui fait par kilogramme 0 fr. 245.

47. Si les claies doivent être souvent déplacées, on peut prendre le modèle plus portatif (fig. 10) établi par les mêmes constructeurs et destiné à remplacer la claie en bois, figure 5 (nᵒ 15 du catalogue).

Les dimensions de cette claie sont les mêmes que celles de la claie, figure 9, mais les pieds enfouis sont ici remplacés par de simples petits retours à crochet ; et deux contre-fiches en fer soutiennent chaque claie. Elle est très-commode et plus durable que la précédente puisqu'elle ne souffre pas, quand on l'enlève.

Fig. 10. — Claie en fer de Hill et Smith, portative et à contre-forts.

48. Elle se relie avec les claies voisines par un anneau long, vu dans la figure en A.

49. Cette claie coûte 5 fr. 95, soit par mètre courant 3 fr. 25 ; elle peut peser $17^k,715$, soit par kilogramme 0 fr. 336.

50. Dans le modèle, figure 9, les pieds sont à double retour d'équerre pour augmenter la fixité dans le sol ; à ce point de vue, cette disposition est très-bonne, mais dans de fréquents enlèvements, cette partie projetante des pieds est sujette à rupture. Pour l'usage des fermiers, MM. Hill et

2.

Smith font des claies plus simples (fig. 11). Le
pied du milieu est seul tortillé; les dimensions
sont les mêmes en hauteur et longueur; mais les
traverses extrêmes sont plus fortes; elles ont
15^{mm},9 de diamètre. Les montants sont aussi un
peu plus forts : 55^{mm} sur 8 à peu près. (C'est le
n° 14 de Hill et Smith.)

Fig. 11. — Claie primée n° 11 pour moutons, de Hill et Smith.

51. Cette claie se relie à ses voisines comme la
précédente, par un simple anneau long. Le
boulon à écrou de la claie, figure 9, vaudrait
mieux, mais dans de fréquents changements ces
boulons peuvent s'égarer.

52. Cette claie coûte 4 fr. 70, soit 2 fr. 57 par
mètre courant; comme elle pèse environ 19^{k},100,
c'est par kilogramme 0 fr. 246.

53. La figure 12 représente une claie pour le même usage que la précédente ; mais ses quatre traverses inférieures sont en fer feuillard, le montant intermédiaire est replié normalement sur le sol pour empêcher la claie de tomber, et les deux autres portent un petit appendice ayant le même but.

Fig. 12. — Claie de ferme de Hill et Smith (n° 14 a).

Les deux montants extrêmes ont $54^{mm},5$ sur 8 d'épaisseur, l'intermédiaire 35 sur 8 : la traverse ronde $15^{mm},875$ de diamètre. La traverse plate du bas a $25^{mm},4$ sur $9^{mm},5$ et les trois autres $25^{mm},4$ sur $6^{mm},55$.

54. Ces claies se relient aussi l'une à l'autre par de simples anneaux longs.

55. Chaque claie coûte 5 francs, soit par mètre courant 2 fr. 735 ; et, comme elle pèse environ 22^{k}800, c'est par kilogramme 0 fr. 22.

Fig. 15. — Claie portative à roulette, de Hill et Smith.

56. Les mêmes constructeurs ont un autre modèle très-portatif (fig. 15) de 3^m,657 de long sur

0^m,914 de hauteur. Cette claie a deux étais adhérents, mais qui peuvent se rabattre : on peut la

Fig. 14. — Parc fait avec 8 claies du modèle de la figure 11.

placer sur une roue faite dans ce but, et qui facilite beaucoup le transport; une seule roue suffit par parc.

Son avantage principal est que le parc est rapidement démonté et replacé ; les claies sont très-stables ; elles peuvent être entreposées l'une sur l'autre.

57. Elles se fixent l'une à l'autre à l'aide d'une simple cheville à clavette suspendue par une petite chaînette.

58. Elles coûtent 20 francs chacune ; soit, par mètre courant, 5 fr. 469.

59. La figure 14 représente un parc à moutons fait avec huit de ces claies : il a $7^m,514$ de côté, ou $55^{mq},49$; ce qui peut suffire pour 82 moutons : avec douze claies, le parc aurait 110 mètres carrés et suffirait à 169 moutons. Seize claies à 528 moutons. Prix, par mouton : 1 fr. 951, 1 fr. 42, 0 fr. 975.

60. Le dernier modèle de claie de MM. Hill et Smith est représenté par la figure 15. C'est une claie solide à traverses en fer rond et à cinq montants, comme la précédente ; elle repose sur quatre petites roues fixées à la traverse inférieure. Elle a $5^m,657$ de long et $1^m,066$ de haut ; les montants et la traverse inférieure ont $51^{mm},75$ sur

$6^{mm},35$ d'équarrissage. La traverse supérieure est en fer rond de $15^{mm},875$ de diamètre.

61. Elle s'assemble avec ses voisines par un anneau plat.

62. Elle coûte 22 fr. 50, soit, par mètre courant, 6 fr. 152 : prix un peu élevé pour l'agriculture.

Fig. 15. — Claie mobile primée, à 4 roues, pour parc à moutons, de Hill et Smith.
Échelle de $22^{mm},4$ par mètre pour la longueur, et 28^{mm} pour la hauteur.

63. M. T. Perry, à Bilston, Staffordshire, fait des claies de la forme représentée figure 9, à traverses en fer rond de $12^{mm},7$ de diamètre. Elles sont vendues 4 fr. 06 chacune; elles ont $0^{m},914$ de hauteur (n° 1 du catalogue) : elles se réunissent par des boulons.

64. Le n° 2, du même constructeur, est de $1^m,828$ de long, de $1^m,0156$ de haut ; la traverse supérieure a $15^{mm},875$ de diamètre ; les autres, $12^{mm},7$ seulement ; elles se fixent comme les précédentes et coûtent 4 fr. 58, soit, par mètre, 2 fr. 874.

65. En France, quelques constructeurs établissent aussi des claies en fer. Nous pouvons citer celles en fer élégi de M. Grassin-Baledans, d'Arras, à 4 fr. 25, et celles de M. E. Toupet, en fer rond, à 4 fr. 75 le mètre courant : elles sont un peu plus hautes et plus fortes que les claies anglaises.

Les claies en fer plat renforcé de M. Leclère, de Rouen, sont un peu plus légères, mais aussi coûteuses ; elles sont vendues à raison de 5 francs le mètre courant.

66. Les constructeurs français n'ont pas assez rencontré d'occasions d'étudier le principe de l'établissement des claies : cela est d'autant plus nécessaire que le fer est en France notablement plus cher qu'en Angleterre ; il faut donc en employer le moins possible pour 1 mètre courant de claies. Les modèles anglais que nous donnons

nous paraissent avoir atteint le minimum de hauteur et de force.

67. Il est à remarquer ensuite que les traverses sont en général d'autant plus espacées qu'elles sont placées plus haut au-dessus du sol : ainsi, du sol à la première traverse il y a (n°8 a de Hill et Smith), 116, puis 145, 175, 206 et 238^{mm}. C'est, en effet, le bas de la claie qui doit présenter le plus de difficulté au passage des animaux.

Des variations semblables s'observent dans d'autres modèles des mêmes constructeurs : le n° 13 donne pour espacements successifs des traverses à partir du bas : 95, 158, 182, 227 et 273 millimètres; le n° 14 donne 110, 141, 175, 206, 239 ; le n° 14 a, 112, 141, 172, 205 et 240. — Les espacements du n° 11 sont presque égaux et d'environ 0^m,21, y compris la hauteur du fer feuillard. Il en est de même de la claie (fig. 15).

Le prix des claies anglaises en fer, rendues en France, serait augmenté d'environ 70 pour 100 tous frais compris : elles reviendraient donc à 4 fr. 58 en moyenne ou au prix même des claies faites en France.

Le prix annuel de 100 mètres de claies en fer peut donc s'établir ainsi :

1° Intérêt du prix d'achat 5 p. 100 de
 450 fr., ou. . . . .   22 fr. 500
2° Entretien 0 fr. 25 pour 100. . . . .   1 fr. 125
5° Amortissement en 10 ou 20 ans par an-
 nuités après défalcation du prix de la fer-
 raille, ou 2 fr. 88 à 7 fr. 55 p. 100 de 380 fr.   10 fr. 944 à 28 fr. 69

En tout. . . . .   34 fr. 57 à 52 fr. 31

CHAPITRE III

I

Des filets.

68. L'établissement d'un parc temporaire à l'aide de claies en bois ou en fer n'est pas sans inconvénients : il faut transporter ces claies, toujours assez lourdes, d'un point à un autre ; on peut en casser dans ces déplacements ; quelques-unes sont difficiles à placer par le berger seul ; il emploie, du moins, beaucoup de temps à les poser, elles peuvent être renversées par un très-grand vent, et enfin elles exigent d'assez fréquentes réparations. On a donc dû, depuis longtemps,

chercher à les remplacer par une clôture mobile continue.

69. Le premier système consiste à entourer les côtés du parc d'un filet continu attaché à des poteaux : ces filets sont faits en ficelle ou *lignette* et à larges mailles (fig. 16).

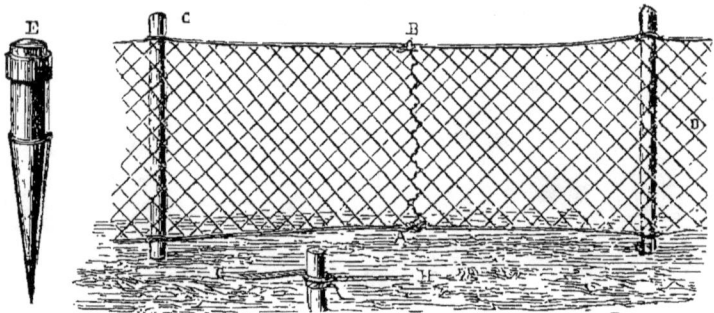

Fig. 16. — Filet pour parcs à moutons.
Échelle de 20^{mm} par mètre.

70. Les piquets employés proviennent, suivant M. Stephens, de l'éclaircissage des plantations de frênes semés trop dru, ou du sarclage des mélèzes : ils doivent avoir, dans le premier cas, $0^m,076$ de diamètre, et $0^m,102$ dans le second ; leur longueur sera toujours de $1^m,448$, dont $0^m,229$ seront enfoncés en terre une fois placés, $0^m,076$ restant en dessous du filet à partir du sol et autant au-

dessus même du filet, ce qui donne pour hauteur du filet 1^m,067.

Ces piquets sont taillés en pointe symétrique à leur gros bout pour qu'ils résistent mieux et que leur écorce soit placée comme elle était pendant leur végétation. L'eau de pluie glisse mieux dans cette position.

On ne doit employer que des piquets provenant de bois qui ont été bien ressuyés par un séchage prolongé, encore sous écorce.

71. Pour faire les trous dans lesquels seront enfoncés les piquets, on se sert en sol ordinaire d'un *pic* à pédale employé pour le drainage, et, si le sol est dur, d'un coin conique (E, fig. 16) en bois garni d'un sabot et d'une frette en fer. On l'enfonce à coups de maillet : ce dernier doit être fait en bois non sujet à fendre, en pommier, par exemple, ou en mûrier.

72. Lorsqu'on déroule le filet, on fait avec les cordes qui le terminent, en haut et en bas, un nœud de berger à chaque piquet, comme on le voit en GH à part dans la figure 16 : deux filets se réunissent l'un au bout de l'autre par les bouts de cordes dépassant le filet et laissés dans ce but ; les

mailles se réunissent aussi par de petites ficelles, comme on le voit en AB (fig. 16).

73. Le principal inconvénient des filets, c'est qu'ils se tendent ou se détendent suivant l'état d'humidité de l'atmosphère ; il faut donc, si le filet est humide, le tendre beaucoup en le plaçant parce qu'en séchant il se relâchera, et alors les nœuds pourraient glisser. Si, au contraire, le filet est très-sec, il faut le tendre peu, car, l'humidité venant, la ficelle se raccourcit et le filet se tend ; s'il est vieux, il peut même rompre.

74. Le second inconvénient, c'est le peu de durée des filets exposés alternativement à l'humidité et à la sécheresse ; tout ce qu'on peut faire, c'est de les tanner en les trempant dans une forte dissolution d'acide tannique.

II

Grillages continus.

75. En faisant avec du fil de fer des filets ou des grillages à larges mailles hexagones (fig. 17),

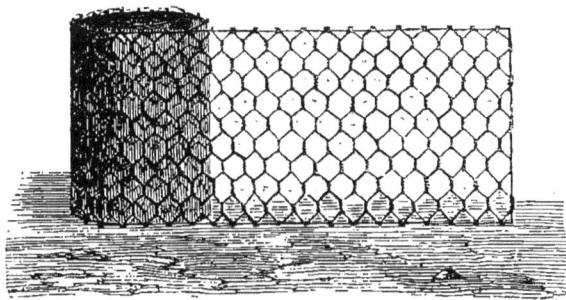

Fig. 17. — Treillage perfectionné de Hill et Smith,
pour parcs à moutons.
Échelle de $22^{mm},5$ par mètre.

on supprime les deux inconvénients des filets en chanvre ; mais ils sont un peu moins maniables. Les mailles ont $82^{mm},5$ et elles sont fixées sur de solides bords en bon fil de fer flexible ; la largeur verticale du grillage de MM. Hill et Smith est de $0^m,914$. Lorsqu'il est enroulé, il tient peu de place.

76. Il coûte, en fer peint, 0 fr. 78 le mètre courant, et, en fer galvanisé, ce qui est bien préférable, 1 fr. 253.

Fig. 18. — Parc à moutons fait avec le treillage en fer à larges mailles de MM. Greening et Cⁱᵉ.

77. La figure 18 représente un parc temporaire fait avec un grillage du même genre, fabriqué par la maison Greening et Cᵉ, de Manchester.

M. Gondouin fabrique des grillages à double torsion à l'aide d'une machine très-ingénieuse. On les emploie surtout pour volières, basse-cour de châteaux ou de maisons de campagne et même pour parcs à moutons.

Ces parcs (fig. 19) ont habituellement 1ᵐ,20

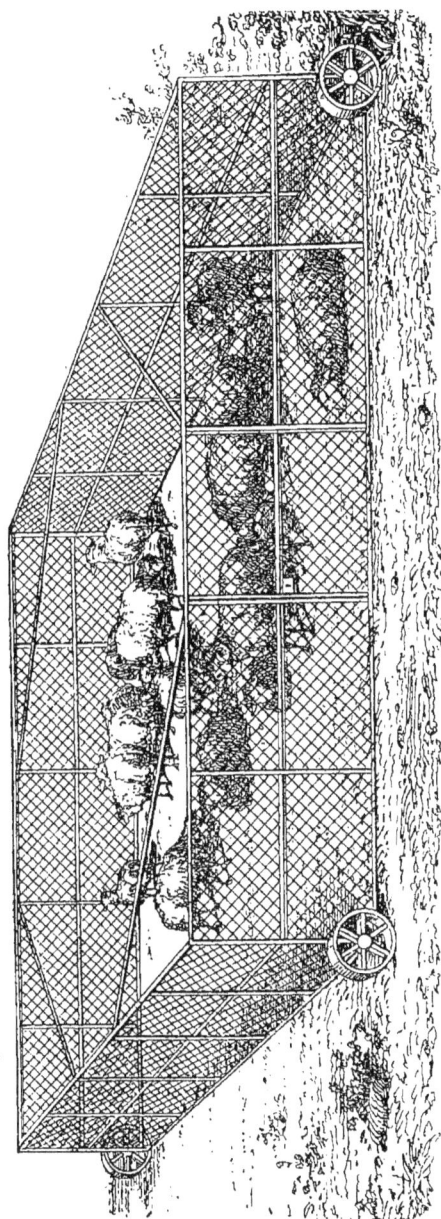

Fig. 19. — Parc en grillage à double torsion et galvanisé de M. Gondouin.

5

de hauteur et se démontent en plusieurs parties, ce qui en rend le transport facile, d'autant plus que les quatre angles sont munis de petites roues.

Toutefois, en raison du poids assez considérable du grillage qui est maintenu en haut et en bas à l'aide de tringles en fer, il ne convient pas de faire des parcs de plus de 5 mètres de côté, dont la surface est par suite de 25 mètres carrés, surface suffisante pour 25 moutons.

Nous ne pouvons conseiller ce parc pour la grande culture, en raison de son prix élevé : 12 à 16 francs le mètre carré ; mais il convient admirablement pour loger des animaux de luxe sur une pelouse ou dans le parc d'une habitation de plaisance.

CHAPITRE IV

DES PARCS TEMPORAIRES COUVERTS

Ce genre de parcs est une transition entre le parc temporaire découvert et la bergerie. Ce n'est pas une bergerie ni même un hangar; mais les moutons y trouvent un abri suffisant pour faire disparaître les plus grands inconvénients du parcage. Voici comment l'inventeur de ce parc, M. Duchon, le décrit lui-même dans le *Journal d'agriculture pratique*.

« Le parc-abri (fig. 20) dont je vais donner la description, qui peut intéresser vos lecteurs, et pour lequel j'ai obtenu en 1865 deux médailles d'argent, à Alençon et à Chartres, est construit pour 350 moutons; il fonctionne parfaitement chez moi depuis un mois (en 1865), sans que le moindre

dérangement soit survenu dans le mécanisme ; il
est appelé à rendre de très-grands services aux
cultivateurs de la Beauce, où les ombrages font
défaut, ce qui est une des causes probables de la
maladie du sang-de-rate qui décime nos troupeaux.

« Il m'est impossible dès le mois d'avril, tout
en faisant manger le seigle en vert à mes moutons,
plus tard le trèfle incarnat, de parquer assez loin
de la ferme sans être obligé de rentrer à la bergerie, ce qui occasionne sur les chemins une perte
considérable d'engrais, sans compter la laine, qui
peut être dépréciée par une pluie d'orge, et la fatigue du troupeau, souvent forcé dans sa marche
dès qu'apparaît quelque nuage. Plus tard, lorsque
les animaux sont tondus, il les préserve des rayons
ardents du soleil ; vienne le mois d'octobre, il procure encore un abri contre les nuits froides et
souvent humides de cette saison. Mon berger, âgé
de plus de soixante ans, le fait facilement fonc-
tionner seul, dans un champ en guéret, qui,
l'année dernière, a été profondément défoncé.
Les moutons se plaisent sous la cabane, contrairement à ce qu'on pensait.

Fig. 20. — Parc-abri locomobile de M. Duchon.

« Elle est montée sur quatre roues à larges jantes, placée au milieu du parc, et forme le point d'appui de tout le système, qui repose dessus. Cette cabane est traversée par un mât vertical C, haut de 5^m,35. Il est garni à sa base d'un plateau en fonte, dans lequel il peut tourner, et, jusqu'à environ 1 mètre de hauteur, d'une crémaillère formant cric ; sur le côté A, entre les deux roues, sont placées deux engrenages, D, un petit commandant un grand, auquel se trouve un arbre de couche garni d'un autre petit engrenage attaquant la crémaillère du mât pour le faire monter ou descendre, de même qu'en s'en servant en sens contraire, on peut, le mât reposant à terre, faire monter la cabane et la faire tourner quand il faut changer de direction.

« A l'avant de la cabane est placé un treuil, B, sur lequel s'enroule un câble attaché à une ancre fixée en terre, en avant du parc : ce treuil est mû par deux engrenages.

« La charpente est composée de huit pièces principales en bois, formant arcs-boutants à l'encontre du mât à une hauteur de 2 mètres, et de seize tringles en fer, huit fixées au haut du mât

et venant supporter les pièces à leur extrémité, et
huit autres plus courtes s'accrochant au milieu.
D'autres pièces de bois relient ces dernières pour
former le carré; ces arcs-boutants supportent les
claies qui sont en fer et se reploient les unes sur
les autres au moyen de charnières, selon qu'on
doit agrandir ou diminuer le parc ; pour cela, les
supports des claies sont pourvus de galets pour
opérer le glissement de chaque face de claies sur
les arcs-boutants. Une toile imperméable couvre
le tout et repose, sous les tringles de fer, sur une
charpente de corde passant sur des poulies fixées
au haut du mât et venant s'enrouler sur un petit
treuil placé dans l'intérieur de la cabane et tendues
aussi roide que besoin est ; par ce moyen on peut,
en cas de foudre, abaisser la toile horizontalement
sur les pièces arcs-boutants.

« Mon parc-abri a fonctionné jusqu'à la fin du
mois de septembre dernier (1865), et il a parfaitement résisté aux bourrasques et aux tempêtes. »

TROISIÈME PARTIE

PARCS PERMANENTS OU REFUGES

CHAPITRE PREMIER

CONDITIONS GÉNÉRALES

78. Lorsque les moutons doivent vivre toute l'année en plein air, il convient de leur ménager des *refuges* pour les plus mauvais jours de l'hiver, alors surtout que la terre ne peut plus les nourrir. Les refuges les plus simples sont des enclos à clôture fixe.

79. Ces clôtures peuvent être faites en maçonnerie, en bois ou en fer. Le choix à faire dépend

presque exclusivement du prix de revient par mètre courant en ayant égard à la durée probable de
la construction.

80. Les murs en moellons, ou même en pierres
et gazons, sont les meilleurs, d'autant plus qu'ils
donnent aux troupeaux un bon abri contre les vents
et même la neige.

CHAPITRE II

I

Parcs carrés ou rectangulaires.

81. Ces parcs peuvent être faits de toute forme ; mais il est démontré, comme nous l'avons déjà dit, que pour un troupeau ou une surface donnée le développement de clôture sera le minimum quand la figure sera un cercle. Toutefois, il faut prendre alors en considération une plus grande difficulté d'exécution des murs. De sorte que la forme carrée, quoique donnant un peu plus de développement de mur, n'est pas, en réalité, plus coûteuse.

82. La figure 21 représente un de ces enclos qui peut être à portée de la ferme ou au milieu

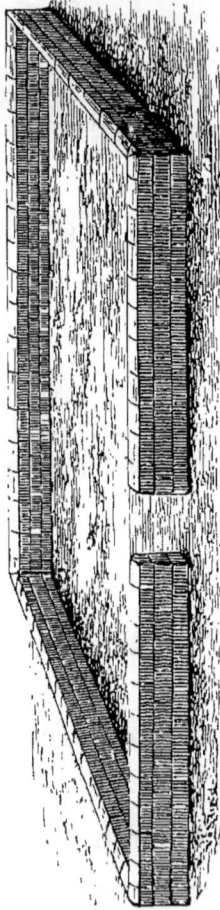

Fig. 21. — Vue perspective d'un parc permanent clos de murs en pierres.

des pâturages dans les pays à culture pastorale. Les murs ont de 1^m,80 à 2^m,1 pour protéger le troupeau contre les loups et les maraudeurs. Si ces redoutables ennemis n'existent pas, les murs ont une hauteur à peu près suffisante à $1^m,10$.

83. La porte doit être du côté opposé à celui d'où vient le vent le plus fort.

84. On place souvent un râtelier sur tout le pourtour intérieur des murs, et même on élève une meule de paille ou de foin près de la porte, avec un petit hangar pour conserver les aliments nécessaires à quelques semaines d'hivernage et pour loger le berger. Le râtelier peut être protégé par un petit toit de chaume supporté par des corbeaux en bois scellés dans la maçonnerie, ou par de petits poteaux.

85. Les parcs permanents qu'il convient d'annexer aux bergeries couvertes et closes sont de simples enclos sans râteliers, munis de portes pour le service du fumier et la sortie des animaux.

86. Lorsque les parcs permanents sont des refuges en cas de mauvais temps, il convient qu'ils ne soient pas d'une grande surface, afin que les murs donnent quelque abri et qu'ils puissent avoir assez de développement pour que les râteliers placés contre ces murs suffisent aux moutons. En

admettant que le minimum de place au râtelier soit par mouton de $0^m,52$ et la surface de 1 mètre carré, le côté du parc supposé carré ne devrait pas avoir plus de $6^m,2$; il serait préférable d'adopter une plus grande dimension en plaçant en travers des râteliers mobiles, tous les 4 mètres environ.

D'après Loudon, les refuges ou parcs carrés ont en Angleterre ordinairement 16 mètres en carré.

II

Parcs circulaires.

87. D'après H. Stephens, de toutes les formes essayées pour les parcs, la forme circulaire est celle qui a obtenu la préférence dans les fermes de montagnes : mais la question de la meilleure grandeur est encore un sujet de dispute entre les cultivateurs. Lord Napier pense, dit l'auteur que nous venons de citer, qu'un diamètre de $6^m,40$ donne une bonne dimension, et que les plus grands ne doivent pas avoir plus de $9^m,14$ de diamètre inté-

rieur, tandis que M. Hogg admet un diamètre de
16^m,50. M. H. Stephens est de ce dernier avis.

88. « En premier lieu, la forme circulaire est
préférable au carré, parce que le vent, frappant
sur une surface courbe, quelle que soit sa direction, se divise en deux colonnes plus faibles chacune que la première; tandis que le vent frappant
contre une surface plane conserve sa première
direction, tout en diminuant de vitesse, et sa force
reste encore assez grande pour que le courant s'in-
fléchisse, passe par-dessus le mur et dépose dans
le parc, jusqu'à quelques mètres, des masses de
neige.

« Toute personne ayant observé la position des
tourbillons de neige sur les deux faces d'un mur
plan vertical, se rappellera que la face du mur qui
est sous le vent est complétement couverte de
neige, tandis que la face qui reçoit le vent en est
entièrement exempte et que la terre est même ba-
layée et nette devant le mur.

« Toute forme d'abri à murs plans est donc
mauvaise, puisque les tourbillons de neige vien-
dront se déposer de l'autre côté du mur et qu'il
n'y aura ainsi aucun abri réel pour les moutons.

« De deux courbes, celle qui présente le plus
grand diamètre est celle qui divise le mieux la
colonne de vent. Un cercle d'un diamètre aussi
petit que 6^m,40 ne divise pas assez la masse du
tourbillon pour qu'il ne tombe pas un peu de
neige à l'intérieur, tandis qu'un mur de 16^m,50
de diamètre, en divisant le vent, en forme deux
colonnes si divergentes l'une de l'autre qu'elles
vont très-loin au delà du parc avant de déposer la
neige qu'elles portent ; aussi cette neige tombe en
un tas triangulaire ayant son sommet très-loin en
avant de l'abri, ce qui laisse libre de toute couche
épaisse de neige l'intérieur du parc circulaire.

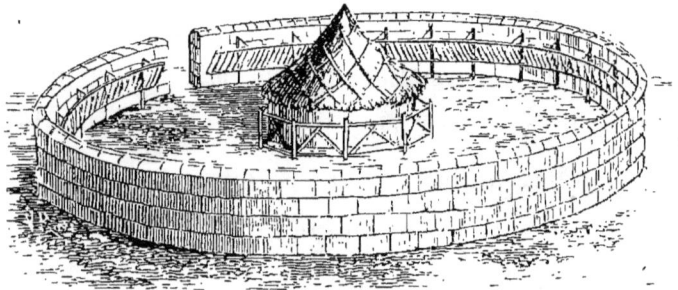

Fig. 24. — Vue perspective d'un parc permanent circulaire
à mur en pierres.

89. « Les figures 22 et 23 représentent un parc
de 16^m,50 de diamètre intérieur, entouré d'un

mur de 1^m,83 de hauteur. La première moitié de la hauteur de ce mur est faite de pierres et la partie supérieure en gazons ; il ne coûte ainsi fait que 0 fr. 53 le mètre courant s'il est fait par le fermier même ; mais s'il est établi tout en pierres aux frais du propriétaire, le prix s'élève à 1 fr. 60.

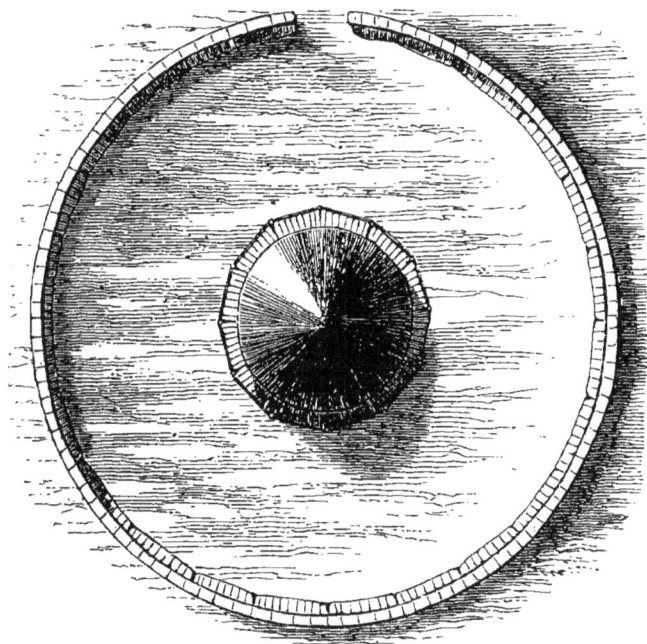

Fig. 25. — Plan du même parc, à l'échelle de 4 millim. pour 1 mèt.

90. « Un parc de cette dimension donnant un développement de 51 mètres de mur, déduction

4

faite de la porte, coûterait donc 81 fr. 60, y compris
l'extraction et le transport des pierres, dépense
insignifiante eu égard à l'avantage permanent pro-
curé par cet abri dans les montagnes.

91. « La porte d'entrée de ce parc doit être du
côté de l'amont et large de $0^m,914$ et aussi haute
que le mur. Quelquefois pourtant l'entrée est faite
seulement pour les moutons : c'est une ouverture
carrée de $0^m,914$ à $1^m,20$ de côté, et au niveau du
sol ; les bergers passent par-dessus le mur en s'ai-
dant d'échelons disposés dans ce but (fig. 24).

Fig. 24. — Porte pour les moutons percée dans le mur d'un
parc circulaire, avec échelles pour les bergers.

92. « Des parcs de ce genre devraient remplacer tous les anciens ; chacun d'eux peut contenir

aisément 200 moutons pendant quelques semaines, et même 300 et 320 peuvent y passer une nuit sans être trop gênés : c'est par mouton dans le premier cas un peu moins d'un mètre carré et dans le second près de deux tiers de mètre carré ; l'intérêt, l'amortissement et l'entretien d'un abri de ce genre ne s'élèvent par année qu'à 16 centimes au plus, par mouton.

93. « Ces parcs doivent être garnis à l'intérieur de râteliers à foin sur tout le pourtour, comme on le voit figure 22. Ces râteliers seront faits non de pièces courbes, mais de petits bois droits dont l'ensemble forme un polygone régulier d'un grand nombre de côtés.

94. « C'est une mauvaise méthode de forcer les moutons à manger en parcourant le cercle développé, comme le recommandent lord Napier et M. Little. Ce système est du reste condamné par M. Fairbairn, par la raison que les plus faibles animaux restent constamment derrière les autres et souffrent beaucoup de la faim pendant des jours entiers. Il faut que chaque mouton ait sa place au râtelier pour manger chaque fois et autant qu'il le désire.

95. « La meule de foin doit être placée au centre du parc (fig. 22 et 23), sur un sous-trait ou base en pierre, saillant de 0^m,15 au-dessus du sol, pour que le foin se conserve sec.

96. « Une meule de 4^m,57 de diamètre à la base, cylindrique sur 1^m,83 de haut et conique sur une égale hauteur, contient environ 4,489 kilogrammes de foin (soit 112 kilogrammes au mètre cube), et peut alimenter 200 moutons pendant trente-trois jours (soit 0^k,680 par tête et par jour).

97. « Sur la même base de 4^m,57, on pourrait établir une meule plus haute évidemment. Le pourtour du mur donne 51^m,856 et, porte déduite, 50^m,922 de râtelier ; le tour de la meule peut en recevoir 14^m,357 ; en tout, 65^m,279. C'est par mouton, s'il y en a 200, 0^m,326, et, s'il y en a 500 à 520, 0^m,204 à 0^m,218 seulement.

III

Parcs de diverses formes.

98. « M. Fairbairn recommande une forme sans plantations ayant quatre côtés concaves et un

mur s'étendant en prolongement de chacun des
angles saillants, comme dans la figure 25 : chaque

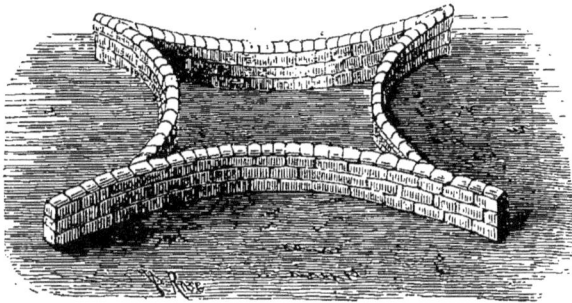

Fig. 25. — Abri carré à murs concaves.

abri renfermant 20 ares de terre est entouré d'un
mur tout en pierres s'il est établi par le propriétaire, et seulement jusqu'à mi-hauteur (le reste
en gazons) s'il est fait aux frais du fermier. Cette
dernière construction faite à la tâche ne coûte pas
plus de $0^m,46$ le mètre courant. »

99. « L'objection faite à cette forme d'abri sans
plantations, c'est que quand le vent s'élance dans
une des retraites, il frappe contre la face perpen-
diculaire du mur, d'où, renvoyé ou réfléchi par
le haut, il jette la neige immédiatement derrière
le mur, et le tourbillon se dépose dans l'intérieur
même de l'abri ; et c'est de là que vient, je pense,

4.

que M. Fairbairn ne veut pas que les moutons
soient logés dans l'intérieur d'un abri.

Fig. 26. — Abri de montagne en murs droits à double T.

100. « Ainsi, bien que cette disposition de
quatre murs concaves procure plus d'abri que les
anciennes formes (fig. 26 et 27), dont on retrouve

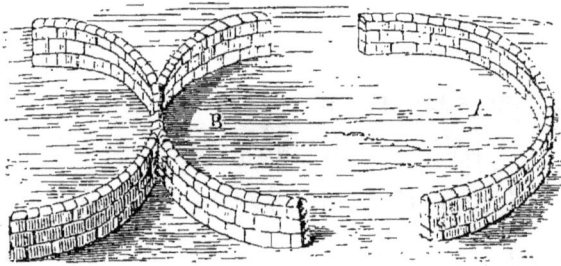

Fig. 27. — Abri de montagne à murs demi-circulaires adossé.

les restes dans les montagnes, elle est sujette aux
mêmes objections, et elle ne peut jamais servir à
abriter les moutons d'un coup de vent d'orage en
été. »

QUATRIÈME PARTIE

ABRIS PLANTÉS

CHAPITRE PREMIER

GÉNÉRALITÉS

101. Lorsque l'on considère l'origine du mouton, on peut admettre qu'il suffit de le mettre à l'abri des extrêmes de chaud et de froid pour qu'il puisse vivre dans nos climats ; et comme sa toison est éminemment douée de la faculté de ne pas conduire la chaleur, il peut rester même en hiver à l'air libre, si on l'abrite pendant les époques les plus rigoureuses de l'année ; les parcs dont

nous venons de parler sont peu efficaces dans les pays montagneux, où soufflent de grands vents chargés de neige. Des plantations d'arbres forment de meilleurs abris, surtout si elles sont elles-mêmes encloses par un mur en pierres.

102. La forme de ces abris peut varier beaucoup. Toutefois, ils rentrent tous deux dans les deux catégories suivantes : abris *intérieurs* ou *extérieurs*.

CHAPITRE II

ABRIS INTÉRIEURS PLANTÉS

103. Une plantation de pins d'Écosse, entre deux

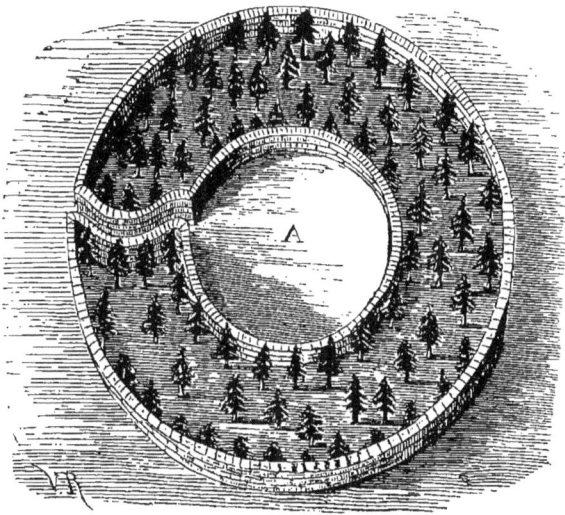

Fig. 28. — Abri intérieur planté, de forme circulaire.

murs circulaires concentriques, forme, d'après
M. H. Stephens, un très-bon abri pour un grand

nombre de moutons. On peut calculer le diamètre
intérieur pour qu'il puisse contenir un nombre
donné de moutons. L'entrée est ici formée par
deux murs parallèles mais tortueux, pour briser
le vent qui tendrait à s'y engouffrer (fig. 28).

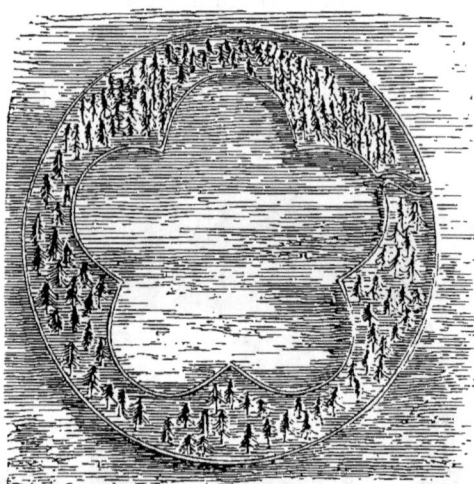

29. — Abri intérieur planté, en forme de rosace.

104. Nous ferons remarquer que l'épaisseur ou
la largeur de la couronne plantée, reconnue suffisante pour abriter, étant déterminée, il y a avantage à faire des abris d'un grand diamètre au point
de vue du prix de revient ; mais il ne faudrait pas
exagérer ce principe, puisque la neige pourrait

retomber au delà de la plantation, à l'intérieur même.

105. Au lieu de deux circonférences concentriques, on peut avec avantage, croyons-nous, si le vent peut avoir plusieurs directions, prendre une forme complexe donnant relativement plus d'espace à l'intérieur et plus d'abri, et telle que l'indique la figure 29.

CHAPITRE III

ABRIS EXTÉRIEURS PLANTÉS

106. La forme en croix (fig. 50) est recommandée par M. H. Stephens : elle a été, dit-il,

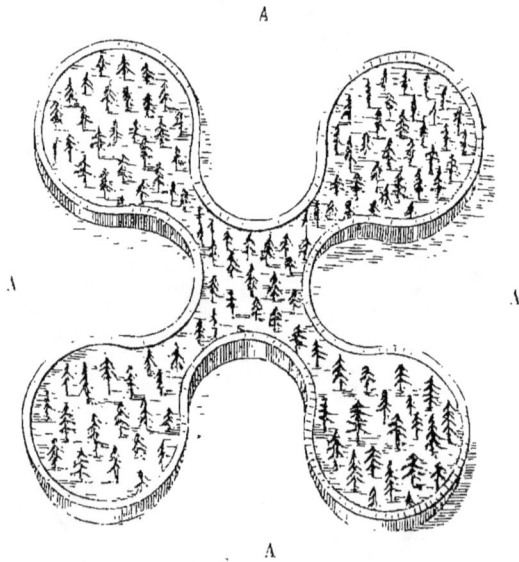

A

Fig. 50. — Abri extérieur planté, en forme de croix.

adoptée par M. le docteur Howison, et elle réussit bien depuis plus de trente ans. Les murs qui cir-

conscrivent les plantations ont 1^m,85 de hauteur :
les quatre branches saillantes arrondies laissent
entre elles le même nombre de retraites abritées,
de sorte que, de quelque côté que le vent souffle,
il y a toujours deux retraites à l'abri de l'orage. La
grandeur à donner à cet abri dépend évidemment
du nombre de moutons à protéger, mais on peut
établir comme règle pour sa contenance que chaque
retraite en fer à cheval A, A, occupe environ le
huitième de la surface comprise dans le carré
circonscrivant les quatre saillies circulaires, de
sorte que, si un abri de ce genre couvre en totalité
160 ares, ce qui est à peu près le minimum qu'il
puisse prendre, chaque retraite aurait une surface
de 20 ares, et comme deux peuvent être occupées,
l'abri pourrait abriter convenablement 400 moutons.

107. Mais, suivant l'observation d'Howison,
rapportée par le même auteur, il n'y a aucune
raison autre que des motifs d'économie, qui puisse
limiter les dimensions d'un abri de ce genre, car
avec une faible augmentation dans le développement des murs, on augmente beaucoup le nombre
des arbres que l'on peut y renfermer, et ces abris

deviennent alors très-profitables comme plantations, et les déjections dès moutons décuplent la
valeur de la pâture jusqu'à une distance considérable autour de l'abri.

108. « Lorsqu'on établit ces *abris plantés*, il
est bon que le rang d'arbres extérieur soit assez
loin du mur pour que les branches ne puissent
secouer de l'eau sur les moutons abrités, ce qui
embarrasserait leurs toisons de petits glaçons. Les
sapins, par leur forme pyramidale et sans branches
projetantes à leur sommet, forment un excellent
abri par leur feuillage serré et toujours vert
descendant jusqu'à terre. Les pins pourront être
mis derrière les sapins du bord ; mais tous les sols
ne sont pas propres à porter des sapins ; ainsi,
dans certains cas, il peut être impossible d'en
planter. Les mélèzes croissent mieux parmi les
débris de roches et sur les bords des ravins ; les
pins sur les sols minces et secs, quelque près du
roc que ce puisse être, et les sapins dans les sols
humides et profonds. »

109. « Lord Napier recommandait l'établissement de ce qu'il appelait une série d'abris donnant une place particulière à chaque catégorie

d'animaux dont un grand troupeau est formé, et il pensait que 24 abris étaient nécessaires sur une ferme nourrissant 1,000 moutons, c'est-à-dire qu'il fallait 1 abri pour 42 moutons. Quelque désirable qu'il soit de fournir ainsi un abri à tous les animaux, cette division présenterait trop de dépenses et de dérangements, eu égard à l'effet utile produit. »

110. « Sur une ferme où on a l'habitude de faire pâturer tout le troupeau au même lieu, il est presque impossible de le diviser en lots de 42 moutons, c'est-à-dire de faire un lot pour chaque petit abri, et ce fractionnement du troupeau ne pourrait se faire sans de grandes pertes de temps et sans de grandes fatigues pour le berger et ses chiens, et en outre sans fatigue et échauffement pour les moutons eux-mêmes. »

111. « Je suis plutôt, continue Stephens, de l'avis de M. W. Hogg que les abris doivent être assez grands pour contenir 200 ou même 500 moutons dans une seule des retraites A (fig. 50), et même, vu le tumulte qui a lieu dans le troupeau lorsque arrive une tempête, il est bon que 200 moutons puissent être aisément abrités loin des

autres dans la retraite d'un seul abri pareil à
celui en croix (fig. 50) qui est accessible de tous
côtés ; de façon que cinq abris pareils satisfassent
à un troupeau de 1,000 moutons. »

112. « Supposons alors que cinq abris semblables aient été établis en places convenables, non
pas près d'abris naturels, rochers ou ravins, mais
sur un plateau ouvert de toutes parts et sur lequel
les tourbillons de neige passent sans obstacles et
où, par suite, il reste moins de neige qu'en toute
autre place, qu'il y ait une meule de foin à l'intérieur et un silo de turneps à l'extérieur, ou aura
ainsi des abris et des aliments à tout événement.
Qu'un coup de vent arrive, le troupeau peut être
sûrement abrité provisoirement pour la nuit dans
les retraites A, A (fig. 50), qui se trouvent exté-
rieures et sous le vent dans un ou deux de ces
abris, et si des pronostics font craindre une longue
tempête, il est facile le lendemain de diviser le
troupeau dans les cinq abris.

113. Lord Napier recommande de placer une
meule de foin à l'extérieur de chacun de ces petits
abris circulaires, mais je crois que c'est le moyen

d'arrêter à tort le tourbillon de neige, qui sans cela aurait librement passé.

114. On voit, par cette citation du livre de M. H. Stephens, que l'abri planté en forme de croix donne le quart de sa surface comme abri dans le cas le plus défavorable, et presque les trois quarts dans le cas où le vent s'engouffrerait dans un des fers à cheval. La disposition que nous proposons

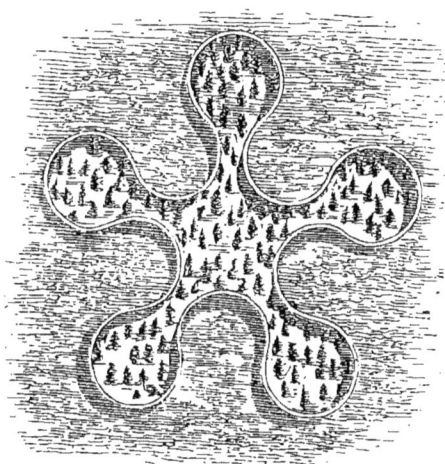

Fig. 31. — Abri extérieur planté, à 5 branches.

(fig. 31) donnerait encore plus d'abri : elle présente cinq branches au lieu de quatre, de sorte qu'elle donne comme abri *au moins* les trois cin-

quièmes et *au plus* les quatre cinquièmes de la
surface totale, et que l'abri est même plus réel
que dans la disposition en croix : il est vrai qu'à
égalité de surface, le développement des murs
serait plus considérable.

CINQUIÈME PARTIE

DES BERGERIES COUVERTES

CHAPITRE PREMIER

DE L'UTILITÉ ET DE LA NÉCESSITÉ DES BERGERIES COUVERTES ET MÊME CLOSES

115. Nous avons vu précédemment que le raisonnement et même l'observation de la pratique des divers pays conduisent à affirmer l'utilité des bergeries, même pour les animaux d'élevage et de race rustique.

La Russie, l'Allemagne et la France possèdent des bergeries.

116. Lorsqu'on tient compte des nécessités de l'engraissement tel qu'il doit se faire dans une culture améliorée, la bergerie est encore plus né-

cessaire : on obtient en effet plus de produits de
la même quantité d'aliments, ou l'on en économise une portion notable qui eût été employée à
redonner au sang de chaque animal la température
normale qu'il tend à perdre, s'il est abandonné en
plein air dans la saison froide ou pluvieuse. L'affouragement exige aussi moins de soin dans une
bergerie qu'au dehors, et l'on recueille plus de
fumier.

117. Ceux qui, en Angleterre, soutiennent que
les bergeries couvertes sont inutiles, donnent pour
raison qu'il est nécessaire de tondre les moutons
s'ils sont renfermés, pour éviter qu'ils n'aient
trop chaud ; ce qui prouve qu'en temps ordinaire,
et même en hiver, leur toison est parfaitement
suffisante pour les défendre contre le froid et l'humidité.

Aussi la pratique presque générale dans ce pays
consiste à faire pâturer par les moutons les champs
de navets. On veut bien toutefois avouer que cette
pratique n'est réellement bonne que sur les terres
sèches perméables, légères, tandis qu'en terres fortes, argileuses, les moutons gâchent la nourriture,
et en piétinant la terre humide nuisent beaucoup

au sol et annulent en partie l'effet du fumier qu'ils y déposent.

118. L'essai des hangars pour l'engraissement des moutons montre qu'ils profitent mieux de la nourriture dans cette installation que s'ils sont laissés dans les champs ; et la différence est surtout visible à l'origine de l'engraissement, dans les six ou huit premières semaines.

119. Les plus ardents adversaires des bergeries en Angleterre reconnaissent donc leur utilité, au moins pour l'engraissement des moutons.

Si le climat est doux, la bergerie peut être un simple hangar, fermé des quatre côtés par des claies et protégé du côté du vent et de la pluie par des paillassons ou un mur.

120. Les seules objections qu'on puisse faire à l'adoption des bergeries closes sont les suivantes :

1° Pour les animaux d'élevage, elles ont l'inconvénient de *diminuer la vitalité* et de rendre les animaux *mous* et *très-impressionnables* aux moindres changements de température.

(Cette objection n'est absolument vraie que pour

des bergeries trop peu spacieuses, entièrement
closes et mal ventilées.)

121. 2° Pour toutes espèces de moutons, d'être
coûteuses et par suite de charger le compte des
moutons d'élevage ou d'engraissement.

(Cette objection perd beaucoup de sa valeur si
les bergeries sont faites sans grenier et avec l'économie que l'on peut facilement mettre dans ce
genre de bâtiment, sans rien sacrifier de ce qui est
utile.)

122. En outre, *en regard de l'intérêt et de l'entretien de la bergerie*, mis comme *loyer* au débit
du mouton, il faudrait, pour être juste, mettre *le
prix des aliments économisés par la stabulation*
et l'accroissement du fumier.

123. Le loyer d'un mouton par année ne peut
pas être estimé à plus de 1 fr. 75, et il peut s'a-
baisser à 0 fr. 50, même pour des constructions
bien faites.

124. En France, la nécessité de bâtiments couverts destinés à loger les moutons est aujourd'hui
généralement reconnue. La division de la propriété, l'absence de clôtures, les extrêmes très
brusques de chaud et de froid dans quelques par-

ties de notre continent, etc., ne permettraient pas de suivre les usages anglais.

125. L'illustre Daubenton fut d'abord de l'opinion que les logements fermés ne conviennent pas aux bêtes à laine. La description qu'il fait de l'état intérieur d'une bergerie explique cette opinion ; mais les reproches qu'il adresse aux *bergeries en général* ne sont applicables qu'aux bâtiments mal établis au point de vue du *recueil du fumier* et de la *ventilation*. «... La vapeur qui sort du corps des moutons et du fumier infecte l'air et met ces animaux en sueur. Ils s'affaiblissent dans ces étables trop chaudes et malsaines ; ils y prennent des maladies. La laine y perd sa force, et souvent le fumier s'y dessèche et s'y brûle. Lorsque les bêtes sortent de l'étable, l'air du dehors les saisit quand il est froid ; il arrête subitement leur sueur, et, quelquefois, il peut leur donner de graves maladies. Il faut donc donner *beaucoup d'air* aux moutons ; ils sont mieux logés dans les étables ouvertes que dans les étables fermées ; mieux sous des appentis ou des hangars que dans des étables ouvertes : un parc peut leur servir de logement sans aucun abri. »

126., Cependant il donnait — dans son *Instruction pour les bergers* — le plan et la description d'un hangar en bois à claire-voie, ce qui est déjà loin d'un simple — *parc* — et plus tard, du reste, l'expérience modifia encore l'opinion de Daubenton, qui devint plus favorable aux bergeries proprement dites. Les observations suivantes de Tessier sont tout à fait favorables aux bergeries bien établies.

127. « Sans doute, dit l'illustre auteur, ces habitations ne sont d'aucune utilité pour les bêtes *transhumantes* qui, vivant toujours sous un climat tempéré, n'éprouvent que rarement du froid, et sont garanties, en été, de la chaleur de cette saison par l'élévation des montagnes où elles séjournent. Il n'en est pas de même pour celles qui, à cause des lieux où elles demeurent toute l'année, sont exposées à des vicissitudes de froid, de pluie et de chaleur. Il faut à ces dernières des abris plus ou moins fermés, c'est-à-dire des *bergeries*. Ainsi la question qui, par l'influence qu'avait eue l'opinion de Daubenton, est restée quelquefois indécise, ne me paraît plus devoir l'être davantage ; seulement, on aura gagné, à son exagération, la certi-

tude que des bergeries basses, étroites et presque
hermétiquement closes, comme il y en a tant, sont
nuisibles à la santé des bêtes à laine, et qu'en cela,
comme en beaucoup d'autres choses, on doit éviter
les extrêmes. »

128. Ainsi, en résumé, de tout ce qui précède
il résulte que, dans notre climat, il est avantageux
d'élever les moutons sous des hangars ouverts,
bien exposés, attenant à des parcs permanents et
de les engraisser dans des bergeries closes. C'est
ce genre de bâtiments que nous allons étudier en
détail

CHAPITRE II

CONDITIONS AUXQUELLES UNE BONNE BERGERIE DOIT SATISFAIRE

I

De la diversité de ces conditions.

129. L'emploi des bergeries n'aura aucun inconvénient pour la santé et l'énergie vitale des moutons si ces bâtiments satisfont à toutes les conditions hygiéniques reconnues nécessaires et si chaque animal y trouve un espace suffisant.

150. Pour retirer des bergeries tout l'avantage qu'elles peuvent donner, il faut, en outre, qu'elles soient économiquement construites eu égard à leur durée et qu'elles satisfassent le mieux possible à tous les besoins du service, affouragement,

enlèvement du fumier, sorties et rentrées des animaux.

Nous allons examiner ces diverses conditions.

II

Conditions hygiéniques.

151. Pour qu'un animal se conserve en bonne santé, le logement qu'il occupe doit :

1° Lui offrir une place suffisante pour que ses mouvements soient libres et qu'il puisse reposer sans être gêné par ses voisins.

2° Le volume d'air afférent à chaque animal dans une bergerie fermée doit être assez grand pour suffire à la respiration pendant tout le temps de l'incarcération.

Ou mieux encore, l'air extérieur doit être constamment renouvelé par l'expulsion continue de l'air vicié et l'entrée permanente d'un air neuf non désoxygéné ou pur.

3° La lumière doit être assez abondamment répartie, non-seulement pour les besoins de la vie, mais pour les soins et la surveillance.

4° L'abri contre la pluie, ou la couverture, doit être efficace.

5° La protection contre le froid, pour les moutons d'engraissement surtout, doit être suffisante.

6° Les moutons doivent être mis à l'abri de l'humidité qui pourrait parvenir à l'intérieur par filtration ou ascension de l'eau d'un sol humide.

7° L'entrée et la sortie des animaux doit pouvoir se faire sans accidents.

8° Enfin, les divers âges et les sexes doivent pouvoir être séparés ainsi que les animaux d'engrais.

152. 1° *De la place nécessaire à un mouton.* — S'il s'agit de moutons d'élevage, la place doit leur être libéralement fournie, et comme le bâtiment serait alors très-coûteux, il est préférable d'adopter un parc domestique attenant à des hangars où les animaux se réfugient pendant le mauvais temps et pendant la nuit. La place, dans le hangar sera, dans ce cas, celle que nous allons déterminer pour les bergeries d'engrais et autres; mais le parc devra offrir une place double, ou à peu près.

153. La place qu'occupera au minimum un

mouton dans une bergerie dépendra d'abord de la *race;* en effet, tandis que certains moutons *solognots* ont à peine $0^m,65$ de long, on rencontre des picards et des flamands qui ont jusqu'à $1^m,55$, soit presque 2,5 fois plus. L'épaisseur du corps, la longueur des pattes varie aussi dans des proportions analogues, car il y a des moutons plus ou moins bien faits : les uns carrés, cubiques, les autres plats.

134. Dans la même race, la place nécessaire dépendra de l'âge; l'agneau sevré, l'antenois n'exigera pas autant d'espace que le mouton ayant tout son développement.

135. Pour le même âge, la place occupée dépend de la fonction : une mère pleine ou suitée exigera beaucoup plus de place qu'une brebis à l'engrais, et celle-ci moins qu'un bélier.

136. Le mesurage direct d'une bête ovine de ces diverses catégories donnerait pour point de départ un minimum d'espace qui peut varier en surface de 21 à 65 décimètres carrés, en longueur de $0^m,80$ à $1^m,75$, et en largeur de $0^m,2625$ à $0^m,571$.

137. Voici maintenant quelques chiffres d'auteurs et de praticiens :

NOMS DES AUTEURS ou OBSERVATEURS.	Brebis portières ou avec leurs agneaux.		Adultes.		Antenois.		Tête ovine moyenne.		Bélier à cornes.	
	EN SURFACE.	AU RATELIER.	EN SURFACE.	AU RATELIER.	EN SURFACE.	AU RATELIER.	EN SURFACE.	AU RATELIER.	EN SURFACE.	AU RATELIER.
Lam.... (Dictionnaire de l'abbé Rosier).	1,5455	0,7592	»	»	»	»	»	»	»	»
	1,4950	0,8215	»	»	»	»	»	»	»	»
Cartier.	»	»	»	»	»	»	0,8455	0,5470	»	»
De Morel de Vindé.	1,0500	0,7000	0,6551	0,4220	0,4800	0,5200	0,7792	0,5210	»	»
De Perthuis.	»	»	»	»	0,5276	0,5200	0,7250	0,5600	»	»
Tessier.	0,8442	0,5116	0,6551	0,5857	»	»	»	»	0,7586	0,4476
Moyennes.	1,1857	0,6950	0,6551	0,4028	0,5058	0,5200	0,7809	0,5427	0,7586	0,4476

138. En supposant un troupeau moyen composé de brebis portières, d'adultes et d'antenois en nombres égaux, la moyenne des six premières colonnes serait celle d'une tête moyenne et égale à $0^{mq},7755$ en surface et à $0^{m},4719$ au râtelier, ce qui se rapproche assez des chiffres des septième et huitième colonnes, qui donnent $0^{mq},7809$ et $0^{m},5427$.

139. Nous adopterons en nombres ronds, par moyenne tête ovine, $0^{mq},80$ en surface, et $0^{m},42$ au râtelier.

140. Toutefois nous ferons observer qu'il sera convenable, toutes les fois qu'une extrême économie ne sera pas de rigueur, de donner un peu plus de surface, surtout s'il s'agit de grandes races. On peut aller alors jusqu'à près de 1 mètre carré de surface par tête moyenne et $0^{m},48$ au râtelier.

141. L'espace attribué à chaque mouton est donc un rectangle de $0^{m},42$ à $0^{m},50$ de large sur $1^{m},90$ à 2 mètres de longueur, lorsque la bergerie doit être très-confortable; si la plus grande économie est exigée, on peut adopter sans crainte une

moyenne de $0^m,40$ sur $1^m,65$ seulement, ou $0^{mq},66$ en surface.

142. 2° *Du volume d'air de la bergerie.* — Chaque animal a besoin, par heure, d'une certaine quantité d'air pur employé dans les poumons; cette quantité peut être déterminée exactement *a priori*. Elle est à peu près proportionnelle au poids vif de l'animal et à sa ration alimentaire. Pour un mouton, il faut compter sur près de 1 mètre cube par heure. Si donc la bergerie devait rester hermétiquement fermée pendant une nuit de douze heures, elle devrait contenir 12 mètres cubes d'air par mouton; et encore, pendant la plus grande partie de la nuit, l'air serait trop vicié pour être propre à la respiration.

Quelque hauteur que l'on donne à la bergerie, au-dessous de 12 mètres, le cube d'air sera donc toujours insuffisant, si par un moyen quelconque il ne se renouvelle pas constamment.

C'est le but de la ventilation.

143. La hauteur de la bergerie doit être aussi grande que possible; mais, comme elle se traduit par une très-sensible augmentation de prix de revient du bâtiment, il faut la restreindre à 3 mètres

environ et compenser le défaut de capacité du bâtiment par une *ventilation énergique*.

144. 5° *De la lumière.* — Les moutons, comme tous les animaux de ferme, ne peuvent vivre convenablement dans l'obscurité; il faut donc des fenêtres dans les bergeries. L'éclairage naturel est nécessaire aussi pour les soins à donner aux animaux.

En général, on ménage un peu trop les ouvertures dans les bâtiments ruraux, non-seulement par une économie assez mal entendue, mais encore dans l'espoir d'accélérer l'engraissement.

L'air et la lumière doivent être dispensés très-largement aux bêtes d'élevage surtout; pour les bêtes à l'engrais, on modérera à volonté la ventilation et l'éclairage, mais sans jamais les supprimer complétement.

145. 4° Le mouton craint tout spécialement l'humidité : la couverture des bergeries doit donc être parfaitement imperméable.

146. 5° Les bergeries d'engrais doivent être closes de toutes parts par des murs solides ; si l'on peut choisir l'exposition, les baies principales doivent être au midi ou du sud à l'est ; des baies sur

la face nord ou nord-est donnent une bonne ventilation.

147. 6° Le sol des bergeries doit être naturellement sain ou sec, sinon il doit être préalablement assaini par une enceinte de drains dont le fond sera un peu au-dessous des fondations et garni de tuyaux en poterie de bonne qualité et d'environ 5 centimètres de diamètre intérieur, ayant une pente de 5 à 10 millimètres par mètre.

148. Pour assurer aux animaux un sol sec, le niveau intérieur sera surélevé de quelques centimètres, et la bergerie sera protégée contre l'affluence des eaux courant à la surface du sol dans les fortes pluies, par quelques rigoles situées à l'amont et parallèles aux murs du bâtiment.

149. On évite assez bien l'humidité des murs en mettant dans la maçonnerie même, au niveau du sol, entre quelques assises, une couche de bitume.

150. 7° Les moutons, en entrant et sortant, se précipitent en foule dans les portes, se frottent contre les montants des baies et se pressent l'un l'autre : il convient donc de disposer les portes pour éviter les accidents. Nous examinerons plus loin les dispositions adoptées ou proposées.

151. 8° La bergerie doit pouvoir être facilement divisée en portions, suivant le nombre relatif
de mères, d'agneaux et d'animaux d'engrais ; chaque compartiment doit avoir ses portes spéciales.
Des cloisons ou des crèches mobiles suffisent quand
la bergerie est convenablement disposée.

III

Conditions de situation et de service.

152. La bergerie doit être placée à portée du
magasin de paille qui fournit la litière, du fenil, si
elle n'est pas surmontée d'un grenier, et des cham-
bres de manutention des aliments ; de façon que
l'apport de la nourriture et de la litière se fasse rapidement et sans embarras ; s'il est possible même,
ces transports, ainsi que celui du fumier, doivent
se faire par un petit chemin de fer.

155. Il est bon aussi que des portes assez larges soient ménagées pour entrer avec une voiture
dans la bergerie pour l'enlèvement du fumier, s'il

ne se fait pas par des wagonets roulant sur un chemin de fer.

154. Il est toujours bon que la bergerie soit entre deux parcs permanents, l'un au nord pour l'été, l'autre au midi pour l'hiver, et que cela ensemble forme une portion spéciale de la cour de ferme : il n'est pas bon pour le service qu'il y ait des bergeries en plusieurs points de la cour.

155. Enfin, dans les grandes bergeries, il faut à peu près au centre, si le service ne se fait pas par chemin de fer, une assez grande pièce destinée au dépôt et même à la préparation des aliments, et contenant un coupe-racines, un hache-paille, un concasseur de tourteaux mus par un manége spécial, ou mieux par le moteur de la ferme, à l'aide d'un câble métallique.

CHAPITRE III

DÉTAILS DE CONSTRUCTION

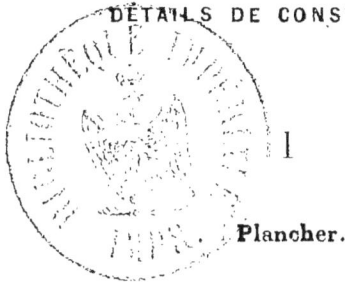

I

Plancher.

A. DU PLANCHER EN GÉNÉRAL.

156. Si l'on veut bien se rappeler que l'humidité est très-préjudiciable aux moutons, il faut leur assurer dans la bergerie un plancher sec. Faut-il pour cela élever le sol intérieur à 20 ou 30 centimètres au-dessus du sol extérieur? Assurément c'est une bonne précaution, mais elle n'est pas indispensable. Si le terrain est naturellement sain ou s'il a été drainé, il suffit que le plancher soit à quelques centimètres au-dessus du sol exté-

6

rieur; l'essentiel, c'est qu'il ne soit jamais au-dessous, et nous avons peine à approuver les bergeries creusées sous prétexte de faire le fumier sous les moutons et de l'emmagasiner. On simplifie ainsi quelque peu les soins, mais, malgré la terre ou l'argile brûlée répandue dans ces trous à fumier, les moutons sont dans une humidité très-nuisible à leur santé.

B. DES PLANCHERS IMPERMÉABLES OU PLEINS.

157. Quelle que soit l'abondance de la litière, l'intérieur de la bergerie ne peut rester sec qu'autant que le sol est rendu imperméable et réglé suivant une pente de 2 centimètres environ par mètre avec quelques rigoles assurant l'écoulement des urines.

158. Comme le mouton n'est pas lourd et que ses pieds nus ne peuvent détériorer le plancher, celui-ci peut être fait de quelque matière imperméable que ce soit : une couche de briques posées à plat sur bain de mortier et rejointoyées en ciment romain ou en mortier fin, un carrelage ordinaire, une couche d'asphalte de 7 à 8 millimètres

d'épaisseur posée sur une couche de béton maigre, conviennent comme plancher de bergerie ; mais ces constructions sont assez coûteuses. Nous conseillons de préférence une simple couche de béton fait de mortier fin mêlé, à volume égal, avec du gravier bien lavé ou des pierres dures cassées à 5 centimètres de grosseur moyenne tout au plus.

159. Le plus souvent, on se contente d'une couche de marne ou d'argile calcinée, que l'on enlève en même temps que le fumier pour la remplacer ensuite par une nouvelle couche.

Ou bien on répand une couche de bonne terre franche bien battue ; ou enfin l'on fait un salpêtrage quelconque.

160. Les planchers imperméables doivent recevoir une litière de paille ou au moins de marne pour former un coucher confortable.

C. PLANCHERS A CLAIRE-VOIE.

161. Dans les pays où la paille est rare ou chère, on a essayé des planchers à claire-voie permettant de supprimer toute litière et économisant la main-d'œuvre d'enlèvement du fumier.

162. Ces planchers sont ordinairement faits avec de très-légers soliveaux, de fortes lattes ou de petits chevrons placés côte à côte, avec un intervalle de 15 millimètres environ (fig. 52).

163. La valeur de ce genre de planchers, qui a été appliqué non-seulement aux moutons, mais aux porcs et aux veaux, est fort controversée.

Comme emploi général et comme système défini, c'est une chose nouvelle, mais elle a été très-anciennement employée.

Lasteyrie, dans son recueil, donne un dessin de porcherie danoise dont le plancher est à claire-voie ; des étables pour veaux d'engrais ont été depuis très-longtemps établies de cette manière dans le Gloucestershire, en Angleterre, comme en fait foi l'extrait suivant de l'ouvrage de M. G. H. Andrew.

« M. Marshall a observé que toutes les *loges à veaux,* dans le Gloucestershire, sont d'une construction très-durable, extrêmement simples et parfaitement bien appropriées à leur but. Chaque loge a pour dimensions 2^m,45 de long sur 1^m,22 de largeur ; la moitié de la longueur est occupée par l'animal ; sur le reste, 0^m,50 sont pris par l'auge ou crèche placée en tête, et 0^m,91 par un passage dans le milieu duquel ouvre la porte. *Le plancher de l'emplacement occupé par l'animal est formé de lattes* d'environ 51 millimètres d'équarrissage, placées de façon que leur longueur soit dans le sens même de celle de l'animal ; au-dessous du plancher est un espace libre de $0^m,64$ de hauteur.

164. Depuis plus de dix ans quelques notables agriculteurs ont généralisé l'emploi de ce système de planchers. Comme toute chose nouvelle, cette disposition a été très-prônée par les uns et vivement attaquée par d'autres ; nous donnons ici les opinions de quelques autorités agricoles.

D'après M. Mechi (*Andrew*, vol. 1), une longue expérience des différents genres d'animaux, et entre autres sur deux cents porcs, lui permet de conclure que, sans se faire illusion sur quelques inconvénients (chaque système ayant les siens), et en balançant les bénéfices et les pertes, l'avantage reste aux planchers à claire-voie, et il engage à étendre ce système.

165. « Les avantages qu'il présente sont les suivants :

« 1° On économise la litière, ce qui est d'une

grande importance lorsqu'elle est rare ou chère ;

« 2° La main-d'œuvre nécessaire pour l'élevage et l'entretien des animaux est moitié moindre. D'après M. Mechi, un homme suffit pour deux cent cinquante porcs placés sur un plancher à claire-voie ;

« 3° Les transports du fumier au tas sont supprimés et le transport au champ est réduit, le poids étant moindre ;

« 4° Les animaux d'engrais sont dans une condition favorable à l'engraissement, car la difficulté qu'ils éprouvent à se mouvoir sur un tel plancher les force à partager leur temps entre le sommeil et l'absorption de leur ration ;

« 5° L'énergie musculaire s'acquiert et se conserve mieux que sur un coucher *doux* comme est la litière. »

166. Il semble, au premier abord, qu'il n'est guère possible que les animaux soient aussi propres que sur une litière de paille fréquemment renouvelée, car les excréments peuvent rester en partie sur les barres du plancher. Cependant, M. Mechi assure que sans qu'aucun nettoyage soit fait, ses porcs sont parfaitement propres, mais il

ajoute comme correctif qu'il est vrai qu'ils n'ont
pas une apparence aussi belle que lorsqu'ils sont
nourris sur une masse de litière sèche et propre,
et que les animaux recherchent d'instinct un lit
moelleux. Mais aussi, et nous sommes de cet avis,
ce n'est pas le sentiment ni la belle apparence
qu'on doit rechercher en agriculture, mais le profit. Or, l'économie de *litière*, de *main-d'œuvre* et
de *transport* nous semble bien suffisante déjà pour
motiver la préférence en faveur des planchers à
claire-voie; et, en outre, les animaux d'engrais,
porcs ou moutons, étant très-peu dérangés, ont
plus de propension à l'engraissement.

167. Il reste à déterminer si les frais de premier établissement ne grèvent pas l'engraissement
d'une somme assez forte pour compenser les avantages reconnus précédemment. Le prix de revient
d'un plancher à claire-voie dépend de conditions
locales qui peuvent beaucoup le faire varier. D'a-
près M. Mechi, dans le pays qu'il habite et où le
bois d'œuvre est cher, le plancher à claire-voie ne
grève son compte d'engraissement que de 1 fr. 44
par semaine pour 100 porcs, qui exigent à peu
près autant de place que 100 moutons dans la dis-

position adoptée par M. Mechi. Le prix de revient de 1 mètre carré de ses porcheries est de 15 fr. 15 : il ne serait pas plus élevé pour des bergeries, et même peut-être un peu inférieur.

168. L'engrais qui tombe sous le plancher à claire-voie est d'une énergie remarquable : il se tasse en tombant lourdement d'une certaine hauteur, et la compression qui en résulte empêche que l'évaporation ne soit aussi considérable qu'on le pourrait craindre au premier abord.

169. Sur un plancher de bois, il n'y a pas de cause tendant à faire naître certaines maladies du pied, qui ont au contraire toute propension à se développer sur une litière toujours humide. M. Mechi prétend aussi que les douleurs de jointures, d'articulations ne se présentent pas dans les animaux qui vivent sur des planchers à claire-voie.

170. Par cela même que nous avons détaillé les avantages réels ou présumés de cette espèce de planchers, nous ne pouvons passer sous silence les quelques objections qu'ils ont soulevées.

1° Les animaux placés sur les planchers à claire-voie, surtout si l'on jette de l'argile calcinée pour

rendre leur coucher plus doux et absorber les gaz
ont une apparence de malpropreté : ils sont crottés
et semblent être en mauvais état.

2° Lorsqu'on ne jette aucune matière absor-
bante ou fixante, les gaz des déjections montent
de la fosse et leur odeur est très-sensible. Or (*Andrew*, v. 1), s'il est démontré et admis que les animaux souffrent s'ils boivent de l'eau sale ou cor-
rompue, combien un air vicié est plus redoutable :
boire de *mauvaise eau* n'est pour ainsi dire qu'un
mal *périodique*, tandis que le mauvais effet d'un
air vicié est *constant*, puisque les animaux respi-
rent continuellement.

171. Ce reproche semble grave, mais il n'est
pas spécial aux planchers à claire-voie ; il est com-
mun aux boxes d'engraissement, aux étables fla-
mandes dans lesquelles le fumier reste jusqu'à la
fin de l'engraissement, et cependant nombre d'a-
griculteurs ont adopté ces dispositions et en sont
satisfaits : ils obtiennent ainsi, en effet, une atmosphère chaude et humide tellement propre à
l'engraissement que nous comprenons cette préférence pour des animaux qui ne doivent rester
qu'un espace de temps assez court dans des lieux

malsains, dans l'acception ordinaire du mot, mais convenables pour *l'état maladif de l'engraisse-ment*.

172. *Disposition et construction de ces plan-chers*. — Un plancher à claire-voie se compose de petits chevrons posés sur des lambourdes ou des poutrelles : leur écartement dépend évidemment de la largeur des *sabots* ou *ongles* des animaux qui doivent y marcher.

173. Le mouton a le pied généralement étroit, mais plus ou moins large suivant la race. Un écar-tement de 15 millimètres est à peu près la moyenne convenable : il laisse passer le crottin sans que le pied puisse s'y engager ; pour les grandes races, l'espacement peut atteindre 20 millimètres.

174. L'équarrissage des chevrons ou barres dé-pend du poids des animaux, de la longueur de la portée et de l'écartement des poutrelles ou lam-bourdes, et enfin de l'espèce de bois employé.

175. Il est avantageux de placer de champ les barres formant le plancher, c'est-à-dire que la plus forte dimension de l'équarrissage doit être dans le sens vertical (fig. 52). De cette façon, pour le même cube de bois on a une plus grande résis-

tance, ou pour résister au même poids, il faut un moindre cube de bois. En outre, on a plus d'ouverture pour la chute de l'engrais en employant aussi des pièces plates peu épaisses, mais hautes.

Fig. 52.
Coupe et perspective d'une porte de plancher à claire-voie.

176. Les meilleurs bois à employer sont le chêne ou le robinier (faux acacia) en raison de leur résistance et surtout de leur longue durée dans l'humidité. Si l'on se trouvait forcé d'employer des bois blancs et résineux, il serait convenable, pour les préserver, de leur faire subir l'une des préparations reconnues comme efficaces pour la conservation du bois, soit l'injection ou la pénétration des bois par une dissolution de sulfate de cuivre, soit plutôt la carbonisation superficielle par le procédé Lapparent, soit même un simple goudronnage à chaud.

177. Les barres de chêne d'un plancher à claire-voie destiné aux moutons auront au plus 6 centimètres sur 5 d'équarrissage pour une longueur de 1ᵐ,25; on augmentera un peu l'équarrissage si la portée dépasse notablement 1ᵐ,25.

178. En sapin préparé ou non, les dimensions seront sensiblement les mêmes; mais en bois blanc, il faudra environ 6 centimètres sur 4 d'épaisseur.

179. Ces barres sont placées dans le sens même de la longueur de l'animal; si les moutons sont attachés, on peut ne faire le plancher à claire-voie que sur la dernière moitié de la longueur de l'animal, soit sur une largeur de 1 mètre environ. Dans ce cas, l'équarrissage pourra être réduit à 50 millimètres sur 25; si les moutons sont libres, le plancher doit être à claire-voie sur toute la surface intérieure.

180. Il est bon que le plancher à claire-voie soit fait par portions formant des espèces de grillages faciles à redresser pour donner accès à un wagonet dans la fosse lorsque l'engrais doit être enlevé, ou même à une voiture.

181. La profondeur de la fosse sous le plancher doit être de 0^m,60 à 1 mètre. Cette fosse doit être assez accessible pour que l'on puisse y répandre des cendres, de l'argile brûlée ou tout autre fixateur ou absorbant, et étaler l'engrais s'il est besoin.

182. Le sol de cette fosse doit être imperméable, mais économiquement fait. Si le service du fumier se fait par wagonnets, un chemin de fer spécial est posé dans la fosse.

183. Voici une des meilleures manières de faire ces planchers. On met côte à côte, sur la fosse, des cadres en bois faits comme l'indiquent les

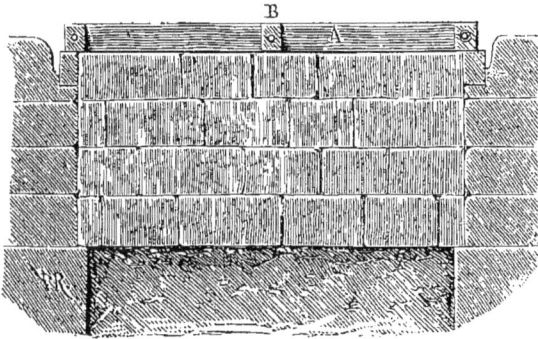

Fig. 33. — Coupe d'une fosse surmontée d'un plancher à claire-voie.

figures 29 et 30 : A A A, petits chevrons de $0^m,05$ d'épaisseur, séparés l'un de l'autre par trois rangs de bouts de feuillet ou planche mince B, de $0^m,015$ d'épaisseur ou $0^m,020$ au plus, clouées; trois tringles en fer rond C, de $0^m,009$ de diamètre traversent les chevrons et les entretoises et les réu-

7

nissent à l'aide de la pression opérée par les écrous qui les terminent ; deux anneaux à pattes D D sont

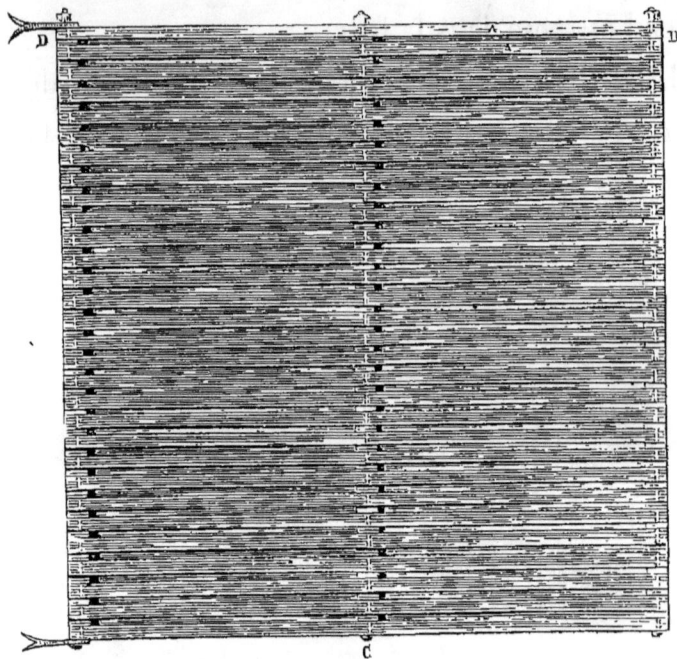

Fig. 34. — Plan du plancher de la figure précédente à une plus grande échelle.

scellés dans la maçonnerie : ils servent de charnières pour soulever le cadre et laisser libre l'ouverture de la fosse.

II

Dispositions et mobilier d'alimentation.

A. AUGES OU MANGEOIRES.

1. Des auges en général.

184. Les bergeries doivent être munies d'*auges* destinées à recevoir les racines coupées, les pulpes, seules ou mélangées, les tourteaux, la paille hachée, la farine, et, en général, tous les aliments autres que la paille et le foin non coupés.

185. Ces auges sont ordinairement communes à tout un rang de moutons, ou du moins à une dizaine. Elles se font encore le plus souvent en bois, mais on peut aussi les établir en tôle ou en fonte et même, si elles doivent rester fixes, en maçonnerie, en ciment ou chaux hydraulique, en pierre taillée et creusée, et enfin en poteries.

186. Comme les crèches mobiles sont préférables dans la généralité des cas, on fait les auges le plus souvent en *bois*; quelquefois en fer ou en zinc, plus rarement en fonte.

Les auges en bois sont encore les plus économiques en France.

187. La capacité de l'auge peut être calculée à raison de 15 à 18 litres au plus par tête, ce qui permet de mettre 1 kilogramme de fourrage haché ou 10 kilogrammes de racines coupées, ce qui suffit et au delà pour les plus fortes rations.

188. Le bord de l'auge doit être à $0^m,58$ environ au-dessus du sol, un peu plus ou un peu moins suivant que les moutons sont de race plus ou moins élevée.

189. Pour que les agneaux ne puissent se glisser sous l'auge, on ferme le devant, soit par un mur qui supporte l'auge même, soit par une planche clouée sur les pieds ou supports. Tout vide laissé en dessous d'une auge fixe est un nid à ordures. Il faut donc autant que possible le fermer entièrement.

190. Les agneaux ont une certaine propension à monter dans l'auge : ils y restent même lorsque le fond est plan et horizontal. Les auges à fonds en demi-cercles ou en prismes triangulaires creux sont seules exemptes de cet inconvénient ; mais elles en ont un autre plus grave, c'est la fa

cilité qu'ont les moutons d'en faire sortir la nourriture en retirant leur tête de l'intérieur.

191. En admettant qu'en moyenne on donne
par tête $0^m,42$ de longueur, il suffit d'une largeur
de $0^m,30$ et une profondeur de $0^m,15$ pour que
l'auge ait un volume convenable. Mais comme la
section transversale de l'auge n'est pas toujours
un rectangle, il convient de faire varier la profondeur et la largeur de façon que l'aire de la
section ne soit jamais trop inférieure à 4,5 décimètres carrés.

2. Auges en bois.

192. Les figures 35 et 36 représentent en coupe
et en élévation de face, à l'échelle du vingtième,
une auge fixe en bois adossée au mur d'une bergerie ; elle est simplement formée de deux planches, l'une horizontale formant le fond et reposant
autant que possible sur un petit mur, l'autre verticale et formant le devant ou bord de l'auge. Ces
planches peuvent être simplement clouées l'une
contre l'autre ou, en outre, consolidées par une
petite tringle en bois A, clouée dans l'angle inté-

rieur sur les deux planches; il vaut mieux enfin
que les planches soient assemblées l'une à l'autre

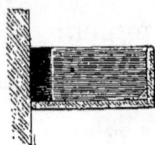

Fig. 55. — Auge en bois simple.

par des tenons en queue d'hironde tels que la
figure 56 les représente.

Fig. 56. — Assemblage du fond et du bord du ladite auge.

Autant que possible, les planches doivent être
en chêne et *blanchies*, c'est-à-dire rabotées au
moins sur une face, et le bord supérieur arrondi
ou au moins chanfriné.

193. Pour atteindre les aliments restant contre
le mur, dans l'auge précédente, le mouton doit
beaucoup s'avancer, ce qui n'est pas toujours possible quand l'auge est surmontée d'un râtelier. Il
serait donc préférable à ce point de vue d'incliner
toute l'auge un peu vers l'avant, comme l'indique

la figure 57, mais on s'expose ainsi à ce que les moutons entraînent leur nourriture en dehors de l'auge en retirant leur tête.

Fig. 57. — Auge en bois à fond incliné en avant et à bord oblique.

194. On conservera l'avantage du fond incliné en avant en supprimant l'inconvénient que nous venons de signaler si l'on conserve la planche du devant verticale (fig. 58) ; la nourriture descend

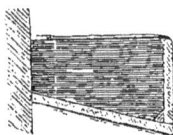

Fig. 58. — Auge en bois à bord vertical et à fond incliné vers l'avant.

toujours à portée de l'animal, et la verticalité du bord ne permet guère l'entraînement des aliments. Malheureusement, la construction de l'auge est alors un peu plus difficile.

195. Il est possible de faire des auges demi-cylindriques en creusant une moitié de tronc d'arbre

(fig. 39), mais, outre que ce mode de construction est coûteux, la forme demi-circulaire a l'in-

Fig. 39. — Auge demi-cylindrique en bois creusé.

convénient de permettre aux moutons d'entraîner au dehors la nourriture qui leur a été donnée.

196. Au lieu de fixer les auges précédentes contre un mur, sur un petit massif, ou sur des corbeaux en bois scellés dans le mur, on peut leur adapter des patins et les rendre ainsi transportables par longueur de 2 à 4 mètres.

197. On peut aussi adosser deux auges sur un petit massif et faire ainsi une auge double fixe placée au milieu d'une bergerie, de 4 ou 8 mètres de largeur, ou bien fixer cette auge double sur des patins ou pieds pour la rendre transportable.

198. Les figures 40 et 41 représentent une auge simple en bois à patins, transportable, d'après M. H. Stephens. Comme on le voit, elle est formée par deux planches clouées à angle droit l'une

sur l'autre et avec deux fonds triangulaires; elle porte deux patins. Elle est très-simple de con-

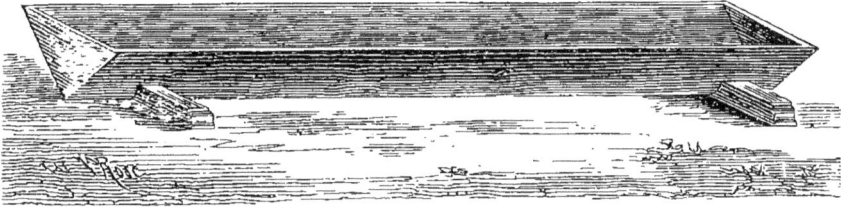

Fig. 40. — Vue perspective d'une auge triangulaire en bois, portative.

struction, mais, en revanche, elle présente au plus haut degré l'inconvénient de permettre la perte de la nourriture. Dans la figure 41, montrant

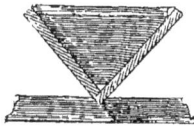

Fig. 41. — Coupe de l'auge précédente.

l'auge en coupe, nous avons indiqué deux amélio-rations que nous proposons : 1° une tringle au fond cloué sur les deux planches pour consolider l'assemblage ; 2° une demi-baguette circulaire clouée sur les bords pour empêcher autant que possible les aliments d'être entraînés au dehors

7.

de l'auge. Malgré ces améliorations, nous ne conseillons l'emploi de cette forme d'auge que pour
recevoir de l'eau, comme nous l'indiquerons plus
loin. On peut aussi faire observer que les planches
devraient être assemblées à tenons en queue d'hironde, comme figure 56.

3. Auges en pierres ou maçonnées.

199. Les auges à moutons pourraient être faites
en pierre de taille creusée (fig. 42) symétrique-

Fig. 42. — Coupe d'une auge en pierre creusée,
symétrique.

ment, le fond ayant deux pentes ramenant les aliments au milieu, ou bien creusée davantage en
avant qu'en arrière avec une seule pente (fig. 43)

Fig. 43. — Coupe d'une auge en pierre creusée
à fond incliné vers l'avant.

ramenant toujours la nourriture à portée de l'a-
nimal.

Ces auges en pierre seraient fixées sur un petit
massif en maçonnerie leur servant de fondation :
elles sont généralement très-coûteuses et peu ou
point employées.

200. Sur un massif en maçonnerie (fig. 44),
on peut faire un fond d'auge en ciment romain

Fig. 44. — Coupe d'une auge à bord en bois
et fond de ciment.

(ou hydraulique) après avoir fixé un devant en
planche, scellé dans le mur de distance en distance
par l'intermédiaire de planches normales au *devant* de l'auge et clouées sur ce dernier ; la partie
du mur formant l'arrière de l'auge est aussi en-
duite de ciment. Ces auges sont assez peu coûteuses : elles peuvent être faites simples ou doubles.

201. Au lieu du fond en ciment que nous ve-

nons de décrire, on peut poser à plat des briques,
des tuiles plates, de fortes ardoises et les rejoin-
toyer soigneusement.

4. Auges métalliques.

202. On ne fait guère en métal que les auges
portatives ou mobiles ; on y emploie la tôle peinte,
ou même galvanisée, la fonte et parfois le zinc.
On peut adopter comme dans les auges en bois, la
forme trapézoïdale ou prismatique triangulaire :
la première forme a l'inconvénient d'employer
trop de métal, et la seconde de laisser perdre les
aliments ; en général, la forme cylindrique à peu
près demi-circulaire est préférée.

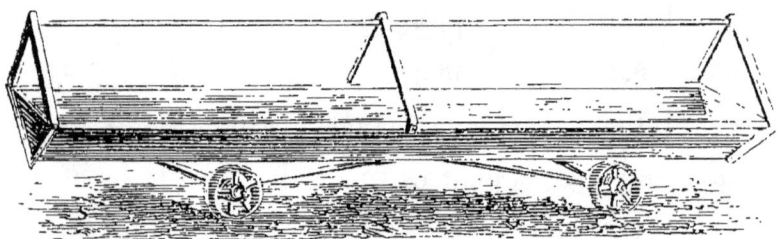

Fig. 45. — Vue perspective d'une auge portative en fer,
de Hill et Smith.

203. La figure 45 représente une auge mobile
en fer, de MM. Hill et Smith : elle peut servir pour

les racines coupées, le tourteau et généralement tous les aliments divisés. Elle est toute en fer forgé et repose sur quatre roues rationnellement placées pour supporter le poids entier. Comme elle ne pèse que 55 kilogrammes, un enfant peut la déplacer ; un cheval en peut traîner six. Elle a $2^m,743$ de longueur ; la barre supérieure qui sert à relier les deux bâtis extrêmes a surtout pour but d'empêcher les moutons de sauter par dessus ou d'entrer dans l'intérieur ; ils n'y pourraient rester, du reste, à cause de la forme triangulaire ; malheureusement, cette forme a un inconvénient qui compense cet avantage et que nous avons déjà signalé. Elle serait surtout bonne pour l'eau.

Elle coûte, prise aux ateliers et peinte seulement, 57 fr. 50, soit 15 fr. 57 par mètre courant et 0 fr. 7075 par kilogramme. Faite en tôle galvanisée, ce qui est de beaucoup préférable au point de vue de la durée, elle coûte 45 fr. 75, soit 15 fr. 95 par mètre courant et 0 fr. 825 le kilogramme.

204. L'auge précédente vaudrait beaucoup mieux si sa section était un demi-cercle (fig. 46) ou un demi-ovale (fig. 47) ramenant toujours la

nourriture vers l'animal; on perdrait moins facilement les aliments contenus dans l'auge et celle-
ci serait plus solide.

Fig. 46. — Coupe d'une auge en tôle   Fig. 47. — Coupe d'une auge en
demi-cylindrique.   tôle demi-ovale.

205. M. Dean a dernièrement fait breveter une
forme d'auge particulièrement avantageuse, dont
la section transversale est représentée par la figure 48. On voit que c'est tout simplement un

Fig. 48. — Coupe d'une auge demi-cylindrique
en tôle ondulée ou à sûreté.

demi-cylindre circulaire fait en tôle ondulée. On
obtient ainsi deux avantages excessivement pré-

Fig. 49. — Coupe d'une auge demi-ovale
en tôle ondulée ou de sûreté.

cieux : l'auge est plus solide et le mouton ne peut
gaspiller la nourriture en l'entraînant en dehors

de l'auge. On pourrait, en tôle ondulée, adopter aussi la forme demi-ovale (fig. 49).

206. La figure 50 est la vue en perspective d'une des auges à moutons de M. Dean : par l'emploi de la tôle ondulée elle est moins sujette à

Fig. 50. — Vue perspective d'une auge portative en tôle ondulée à sûreté de Dean.

fléchir lorsqu'on la change de place ; elle est faite plus ou moins complète, suivant les exigences des acheteurs.

207. Voici un résumé des prix divers de ces modèles d'auges :

N° 1. La plus simple, c'est-à-dire sans poignées ni barre supérieure, avec deux barres en travers, de 1^m,828 de long et 0^m,555 de large, coûte, peinte, 15 francs ou 8 fr. 205 par mètre et, galvanisée, 18 fr. 75 ou 10 fr. 256 par mètre courant.

Le modèle de 2^m,458 de long, 0^m,555 de large, avec deux barres en travers, deux poignées et une tringle en haut, coûte 25 francs, soit 10 fr. 254 par mètre, si elle est peinte seulement, et 30 francs ou 12 fr. 505 par mètre lorsqu'elle est galvanisée.

Enfin, le modèle de 5^m,048 de long et de 0^m,555 de large, tout aussi complet que le précédent, coûte, si l'auge est peinte, 28 fr. 15 ou 9 fr. 229 par mètre, et 54 fr. 58 ou 11 fr. 279 par mètre en tôle galvanisée.

208. Le modèle n° 1 *a* est semblable aux précédents, sauf que la profondeur est plus grande de 76 millimètres ; elles coûtent en plus, par auge, 1 fr. 578.

209. Il est bon, si le sol sur lequel ces auges doivent être placées est mou, de les fixer sur des semelles massives en bois de chêne ; elles ne peuvent ainsi enfoncer : le prix, pour les deux semelles, est de 2 fr. 50 ; pour une seule, 1 fr. 25.

210. Pour rendre ces auges réellement et facilement mobiles, on leur adapte deux roues en fonte d'un bout ; le prix est alors de 6 fr. 25 de plus par auge.

211. On peut craindre que, par manque de soin, les pieds extrêmes qui sont en fonte ne puissent être rompus : pour avoir des pieds en fer qui n'aient pas cet inconvénient, il faut payer 2 fr. 19 de plus pour chaque extrémité ou 4 fr. 38 par auge, sans roues.

212. Pour donner à ces auges au plus haut degré l'avantage de ne pas laisser perdre d'aliments, M. Dean a rebroussé le bord de l'auge vers l'intérieur, en faisant en sorte que la dernière ondulation finisse juste en ce point, on obtient alors ce que l'inventeur appelle à peu près auges à *double sûreté*. Le but avoué est surtout d'empêcher la perte de la paille hachée, fort mobile comme on l'imagine aisément (fig. 51).

213. Ces auges sont désignées par le n° 5 *a*. Voici leurs prix :

Une auge n° 5 *a*, de 1^m,878 de long et 0^m,381 de largeur, ayant deux barres en travers, mais sans poignées ni tringle supérieure, coûte 17 fr. 50

ou, par mètre courant, 9 fr. 575 si elle est seulement peinte ; en tôle galvanisée, elle coûte 22 fr. 50 ou 12 fr. 508 par mètre.

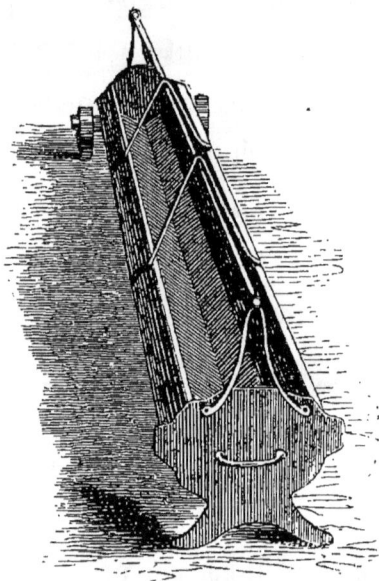

Fig. 51. — Auge en tôle ondulée à double sûreté de Dean.

L'auge du même numéro, de $2^m,458$ de long, de la même largeur, mais munie de deux poignées et d'une tringle supérieure, coûte 28 fr. 75 ou 11 fr. 792 par mètre, peinte ; galvanisée, le prix s'élève à 35 francs ou 14 fr. 556 par mètre.

Enfin la même auge avec les mêmes additions,

longue de 5^m,048, coûte 52 fr. 50 ou 10 fr. 662
par mètre, peinte, et 40 fr. 65 ou 15 fr. 35 par
mètre si la tôle est galvanisée.

214. Les accessoires sont au même prix que
pour le modèle n° 1 (209, 210 et 211).

215. On peut adapter aux auges n° 1 le rebord
de sûreté pour empêcher la sortie de la paille hachée, pour 1 fr. 88 par auge.

5. Auges de cours ou de parcs.

216. Toutes les auges dont nous venons de parler sont destinées à l'intérieur des bergeries couvertes. Dans les cours ou parcs, il faut que ces auges soient couvertes, surtout celles qui sont
destinées à contenir les rations de grains, de tourteaux et de sel.

217. Toutes les auges précédentes peuvent plus
ou moins facilement être ainsi disposées. Nous
donnons, figure 52, d'après Stephens, comme
exemple de cet arrangement, l'auge triangulaire
représentée sans toit, figure 40. On voit que les
bouts, ou cloisons extrêmes de l'auge, sont prolon-

gés et coupés triangulairement pour recevoir deux planches formant un toit à deux versants.

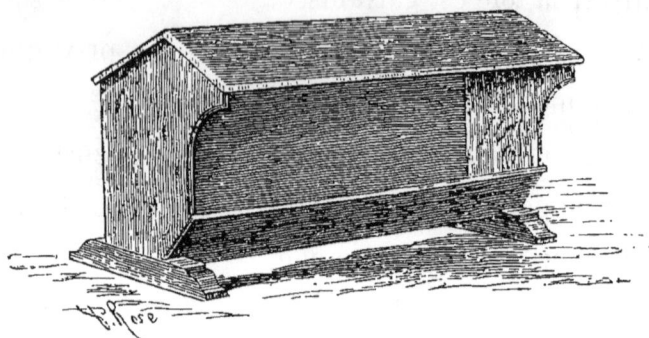

Fig. 52. — Auge triangulaire à grains couverte,
pour cours ou parcs.

218. Les figures 53 et 54 représentent, d'après le même auteur, une auge à grains à fermeture automatique; elle est aussi destinée aux champs ou aux cours découvertes. Le grain en A remplit un compartiment placé dans l'axe et un peu au-dessus de l'auge proprement dite; le grain descend dans cette auge au fur et à mesure que les moutons le consomment, et il ne dépasse jamais un certain niveau réglé par l'ouverture inférieure. Lorsque les moutons ne mangent pas, l'auge est fermée comme on le voit figure 53. Dès qu'un mouton veut prendre du grain, il pose les pieds de devant sur la planche mobile D qui bascule et sou-

lève, par l'intermédiaire des deux tringles E E, le couvercle G ; l'animal peut alors passer la tête et

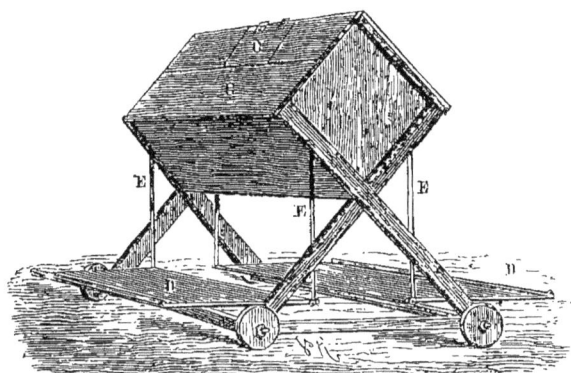

Fig. 55. — Vue perspective de l'auge à grains
à fermeture automatique.

prendre du grain. Dès qu'il sort la tête et s'éloi-

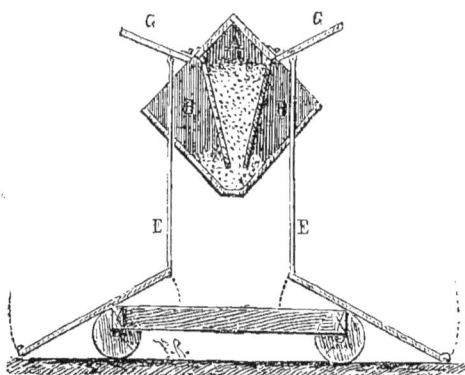

Fig. 54. — Coupe transversale de l'auge à grains
à fermeture automatique.

gne, le poids du couvercle G et des tringles EE ramène la planche D dans la position horizontale et l'auge est fermée. Le grain ou le tourteau est mis par la porte C.

219. Cette disposition est très-ingénieuse, mais nous n'oserions garantir son efficacité ni son bon emploi, ne l'ayant jamais vu appliquer. Les objections qui se présentent immédiatement à l'esprit sont, en premier lieu, la complication qui peut faire craindre des dérangements fréquents, et l'impossibilité de régler la ration à chaque animal.

B. RATELIERS A MOUTONS.

220. Les râteliers fixes simples pour les moutons ne diffèrent des râteliers pour bœufs et chevaux que par leurs dimensions et la hauteur à laquelle ils sont placés au-dessus du sol. Les figures 55 et 56 représentent un de ces râteliers : il est impossible d'en approuver l'emploi.

221. Les inconvénients de ce genre de râtelier sont en effet nombreux et importants. Les moutons ne peuvent en extraire le fourrage qu'avec peine, en levant haut la tête et arrachant de force chaque bouchée; il en résulte pour ces animaux

une certaine fatigue et surtout une gêne sérieuse ; en outre, une partie du fourrage arraché tombe sur le sol où il est piétiné et rendu impropre à l'alimentation, ce qui n'est pas une petite perte pour le cultivateur ; enfin, la poussière des fourrages,

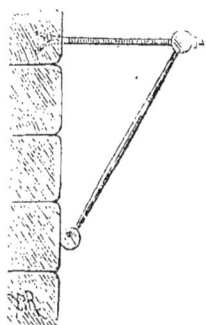

Fig. 55.
Coupe du râtelier simple.

Fig. 56.
Vue de face du râtelier simple.

les graines, etc., tombent dans la laine des moutons, qu'ils encrassent, et dans les yeux ou les oreilles qu'ils peuvent blesser. Si on augmente ainsi le poids de la toison, on diminue dans une bien plus forte proportion son prix par kilogramme et, en somme, c'est le fermier qui perd.

222. On diminue ces inconvénients, mais sans les supprimer, en éloignant un peu du mur le

bas du râtelier; ce qui permet de le redresser, comme on le voit dans la figure 57 représentant l'auge fixe de la figure 44 surmontée d'un râtelier simple ainsi amélioré.

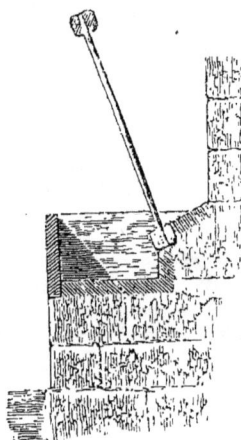

Fig. 57. Râtelier fixe ordinaire amélioré ou redressé, avec auge.

223. Quelle que soit leur inclinaison, les râteliers ordinaires se composent d'une ou deux perches dans lesquelles sont enfoncés des fuseaux ou roulons, comme si l'on devait faire une échelle; cet ensemble s'appelle quelquefois *ridelle*.

Les fuseaux ont de 45 à 50 centimètres de longueur et 20 à 25 millimètres de grosseur; ils sont distants, d'axe en axe, de 15 à 15 centimètres. Ils sont fixes, c'est-à-dire qu'ils ne tournent pas : cette rotation faciliterait, il est vrai, la sortie des fourrages, mais aussi ces derniers pourraient être entraînés en trop grande quantité et tomber hors de l'auge ; l'établissement de fuseaux mobiles serait, en outre, assez coûteux.

224. On fait parfois, pour les cours ou parcs de refuge, des râteliers doubles à paille, c'est-à-dire formés de deux ridelles accolées par le bas avec quatre pieds. M. H. Stephens en signale un de ce genre : il a $2^m,742$ de long, $1^m,575$ de hauteur et $0^m,914$ de largeur dans le haut ; il est supporté par quatre pieds formant deux x et dont les bouts sont pointus et garnis en fer pour le rendre très-stable ; pour qu'il ne puisse plier au milieu sous son poids et sous la charge, on y cloue un billot de bois qui fait fonction d'un cinquième pied central, placé sous le centre de gravité du râtelier. Celui-ci est surmonté d'un toit dans lequel est une partie mobile servant à remplir le râtelier de foin ou de paille. Il paraît simple et facile à déplacer.

225. En plaçant un râtelier ordinaire ou modifié au-dessus d'une des auges en bois représentées figures 55 à 41, en pierre (fig. 42 à 44) ou en métal (fig. 46 à 49), on a ce que nous appelons crèche, c'est-à-dire l'ensemble fixe nécessaire pour l'alimentation du mouton dans une bergerie.

226. Comme le plus simple des exemples, nous donnons la crèche figure 57 ; elle se compose d'une auge en bois et ciment sur massif en maçonnerie et d'un râtelier ordinaire redressé. C'est une disposition qui peut être à la rigueur adoptée pour les petites bergeries en appentis contre un mur existant, ou les bergeries ordinaires de 4 mètres de profondeur.

La figure 58 représente une crèche simple fixe de la belle bergerie de la ferme impériale de Vincennes. Les principales dimensions sont indiquées sur la figure.

Dans sa ferme de Canisy (Manche), M. le comte de Kergorlay adopte une crèche bien disposée.

mais un peu coûteuse d'établissement. Elle est représentée par la figure 59. Les supports, placés de
distance en distance, sont formés d'un fort montant qui reçoit en bas, par un assemblage à tenon
et mortaise, un corbeau soutenant le fond de
l'auge et consolidé par une contrefiche inclinée de
45 degrés.

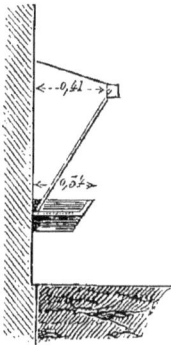

Fig. 58. — Coupe de la crèche simple   Fig. 59. — Coupe de la crèche simple
de la ferme impériale de Vincennes.   de M. le comte de Kergorlay, à Canisy.

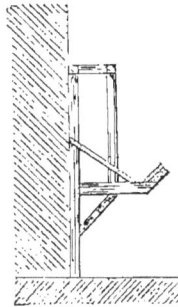

En haut, le principal montant est relié par
une petite traverse à un montant antérieur destiné
à supporter la perche supérieure du râtelier vertical : le côté d'arrière de l'auge se prolonge pour
former le fond du râtelier et forcer le foin à descendre vers le bas des barreaux verticaux.

227. La fixité de l'auge suppose que le fumier

sera fréquemment enlevé de la bergerie, ce qui
nous paraît préférable ; dans le cas cependant où
l'on veut, pour économiser le travail, laisser le fumier s'amasser sous les pieds des moutons, il faut
que la crèche puisse s'élever en même temps que
le fumier. Pour cela, on suspend la crèche contre
le mur et on l'élève au fur et à mesure des besoins ; ou bien elle repose sur le fumier même et
on la conserve au niveau voulu en plaçant aussi
dessous la litière salie ; les auges doubles ne peuvent être suspendues qu'au plafond.

228. La figure 60 représente une crèche simple suspendue : l'auge est formée par deux planches clouées l'une sur l'autre ; le fond est légèrement incliné et il repose sur des corbeaux A,
placés tous les 2 mètres environ, et qui sont fixés
eux-mêmes contre les pièces B et C assemblées
entre elles par tenon et mortaise ; une planche D
est clouée à chaque bout de l'auge pour la fermer
et compléter la consolidation des pièces C et B.

229. Les montants B servent surtout à suspendre la crèche contre le mur E. Pour cela, on scelle
à une hauteur convenable, dans ce mur, une pièce
de bois F, rendue fourchue en avant par deux

traits de scie qui lui enlèvent au milieu un tiers de son épaisseur ; le montant B peut passer entre les deux branches de cette fourche et il est retenu

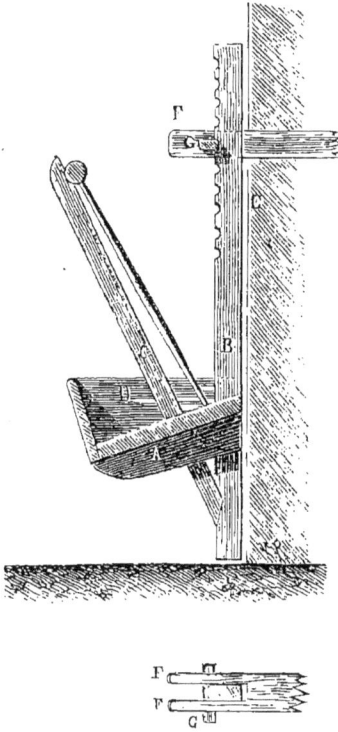

Fig. 60. — Crèche simple en bois à suspension
par tringles à crans.

à la hauteur voulue par un coin en bois G qui tra-verse la fourche et passe dans un des crans du mon-tant en serrant celui-ci contre le mur. La portion inférieure de la figure représente en plan la fourche et le coin de serrage.

230. La figure 61 représente une variante de ce mode de suspension : le montant I est ici percé de trous comme la fourche I qui l'embrasse, et une cheville en fer G permet de le tenir à la hauteur voulue.

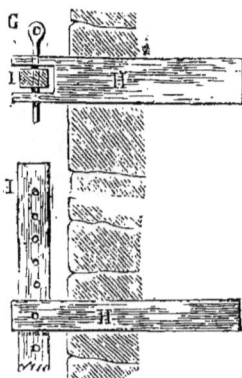

Fig. 61. — Mode de suspension d'auge simple par tringles percées de trous.

Fig. 62. — Mode de suspension à douille.

231. Au lieu de la fourche en bois des figures 54 et 55, on peut employer une barre de fer retournée deux fois d'équerre et scellée dans le mur ou une douille (fig. 62) ; alors le montant est arrondi dans sa partie supérieure et percé de trous pour le passage de la cheville D qui repose sur la douille.

232. Enfin, on peut percer le haut du montant (fig. 63) et y passer une corde formant un long anneau qui sert à suspendre le montant à une

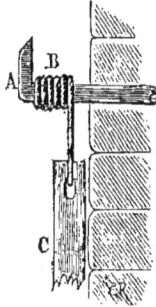

Fig. 63. — Suspension d'auge simple par une corde.

cheville A scellée dans le mur ; en enroulant ou déroulant plus ou moins de corde, on hausse ou l'on baisse la crèche.

233. La crèche représentée par les fig. 64 et 65, est quelquefois employée : le fond P est une planche épaisse percée à chaque bout de deux trous : l'un pour le passage du montant J, l'autre pour la contrefiche M destinée à supporter la perche supérieure de la ridelle. Pour éviter tout jeu de ces pièces, les trous doivent être exactement de la dimension des bois qui doivent n'y entrer qu'à force. La perche L est reliée aux contrefiches par de petits boulons à écrou. Une planche Q est clouée

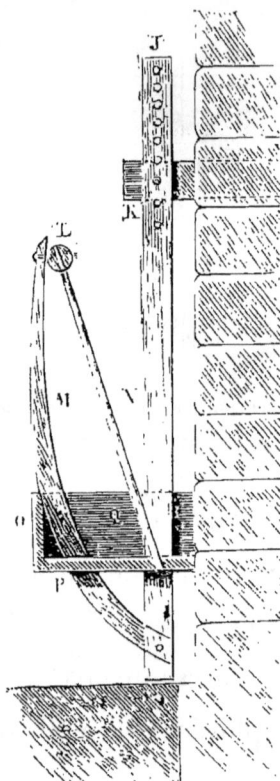

Fig. 64. — Auge simple en bois à contrefort courbe.

à chaque bout de l'auge. On voit que le mode de suspension est la fourche en bois et la cheville d'arrêt. Cette disposition est assez convenable, mais la partie courbe est coûteuse ou difficile à trouver.

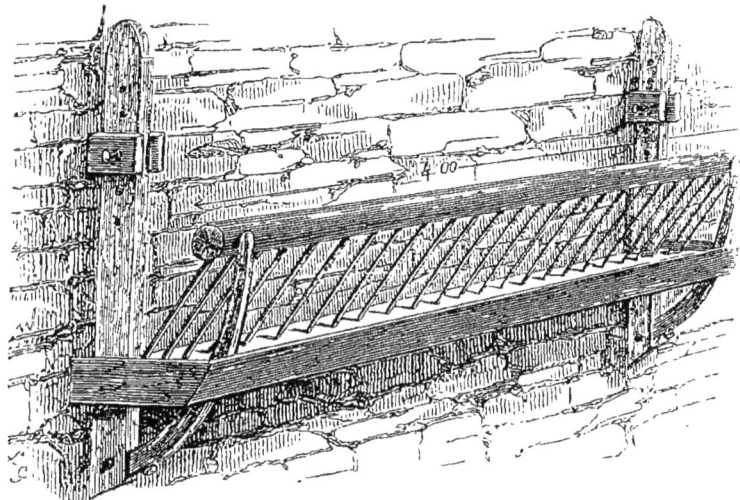

Fig. 65. — Vue perspective d'une crèche simple à cornes.

234. Aux auges suspendues, nous préférons de beaucoup les auges à pieds ou reposant sur le sol. Une des dispositions les plus simples est représentée par la figure 66. Le fond de l'auge, formé par un madrier X, est percé à chaque bout de deux mortaises pour le passage des pieds S, T, assemblés après leur passage l'un à l'autre à la partie supérieure. La perche R est boulonnée sur le haut des pieds qu'elle contribue à consolider en mainte-

nant leur écartement ; enfin, toute déformation du
bâti est empêchée par la pièce horizontale Y,
boulonnée sur les pieds S et T, en dessous du

Fig. 66. — Auges à pieds en A, système Grandvoinnet.

fond. On peut faire une auge solide de ce genre,
de 3 à 4 mètres de long, très-portative et peu coûteuse. Les pieds peuvent être placés près du bout
de l'auge, ou mieux au quart de la longueur totale

à partir de chaque bout. La planche est moins exposée à plier dans ce dernier cas, même en adoptant une longueur de 4 mètres.

235. Nous préférons la disposition de pieds indiquée par la figure 67, surtout lorsque l'on veut

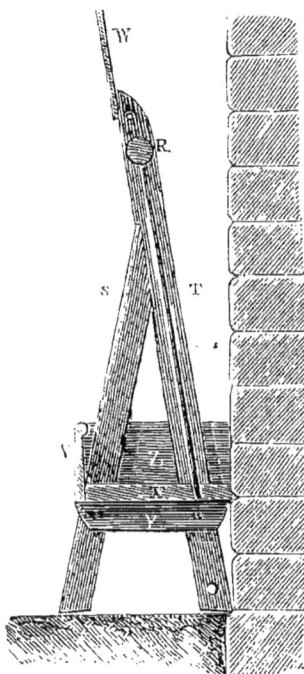

Fig. 67. — Auge à pieds en A perfectionnée, système Grandvoinnet.

placer deux crèches adossées pour former une crèche double : on peut en effet clouer alors une première planche W qui continue le râtelier et une seconde au bas pour former une séparation complète entre les deux côtés de la crèche.

256. Une très-bonne disposition est représentée en coupe et en élévation, de face, figures 68 et

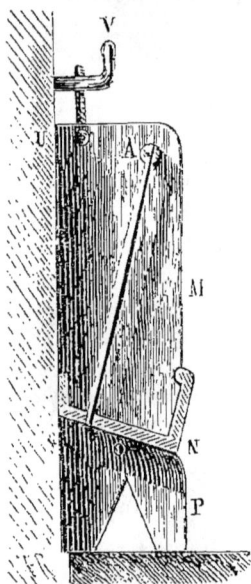

Fig. 68. — Coupe transversale de la crèche en planches, système Grandvoinnet.

69. Au lieu des bâtis charpentés de l'auge précédente, c'est ici de simples planches verticales M échancrées en N pour y clouer le devant de l'auge et percées en O d'une mortaise pour l'encastrement d'une portion du bout de la planche formant tenon. Les deux planches M sont réunies en

haut par la perche A de la ridelle fixée de chaque bout par une clef ou cheville. On forme ainsi, sans assemblage difficile ou coûteux, des auges solides, portatives et peu coûteuses ; on peut les sus-

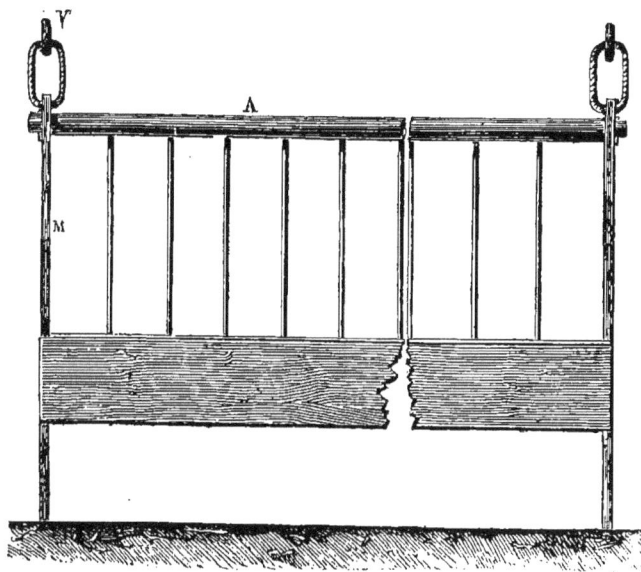

Fig. C9. — Vue de face de ladite crèche en planches.

pendre contre les murs ou même les faire reposer sur le sol, surtout si on les adosse deux à deux pour faire des crèches doubles ; dans ce cas, les trous U servent à réunir du haut les deux crèches. On peut clouer, en P, une planche mince pour empêcher les agneaux de passer par-dessous l'auge.

9

La crèche en planches est une modification de celle que recommandait en 1841 M. Villeroy, et qui est représentée vue de face (fig. 70), en coupe

Fig. 70.   Fig. 71.

Vue de face de la crèche en planches de M. Villeroy.

Coupe transversale de la crèche en planches de M. Villeroy.

(fig. 71) et en perspective (fig. 72). On voit que l'auge est formée par des planches clouées à angle droit l'une sur l'autre et encastrées de chaque bout dans deux planches verticales formant support. Une perche réunit dans le haut ces deux supports et reçoit les barreaux du râtelier qui, à la partie inférieure, sont enfoncés dans la planche d'arrière de l'auge. Un trou percé dans le haut de chaque planche-support permet de suspendre la crèche

par des anneaux en paille ou en corde à deux chevilles en bois scellées dans le mur.

Ce râtelier est peu coûteux, simple, léger,
quoique solide et facile à transporter ; l'auge
n'ayant pas de fond horizontal, les agneaux ne
peuvent s'y tenir debout. Les barreaux ne sont
pas trop inclinés en avant.

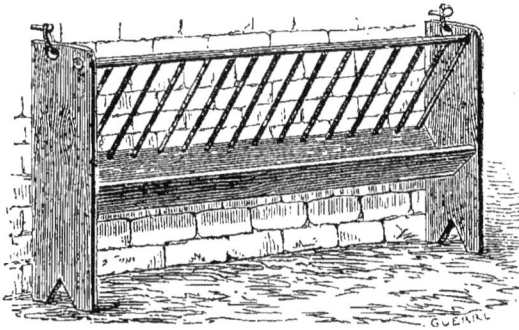

Fig. 72. — Vue en perspective de la crèche en planches de M. Villeroy.

257. La crèche, en fer élégi, dite n° 6, de
M. Grassin-Baledans, d'Arras, telle qu'elle est
représentée par la figure 73, est d'un bon emploi
lorsque le fumier est enlevé fréquemment de la
bergerie ; elle coûte 10 francs le mètre courant.

258. Les auges de M. Dean, celles de $2^m,458$
de long, des deux modèles examinés (205 à 215),
peuvent être jointes à un râtelier qui a $0^m,5588$

de largeur au sommet et qui coûte 12 fr. 50, ce qui met les crèches à moutons de ce constructeur à 15 fr. 38 et 17 fr. 432, suivant qu'elles sont peintes seulement ou galvanisées et à *simple sûreté;* et à 16 fr. 92 et 19 fr. 48 si elles ont le rebord renforcé de *double sûreté.*

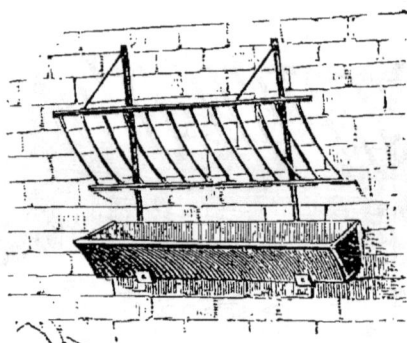

Fig. 73. — Crèche simple en fer élégi de M. Grassin.

259. La plupart des crèches simples précédentes adossées deux à deux forment des crèches doubles, plus ou moins convenables. Nous pouvons recommander surtout celles des figures 67, 68 et 69. Mais il est préférable, lorsqu'on veut exclusivement des crèches doubles, d'adopter une construction spéciale appropriée.

240. La disposition de crèche double spéciale

représentée figure 74, et que nous avons imaginée, nous paraît devoir être recommandée eu égard à la simplicité de sa construction, sa solidité et sa stabilité.

Les pieds se composent chacun de deux morceaux de bois plats formant X et assemblés à mi-

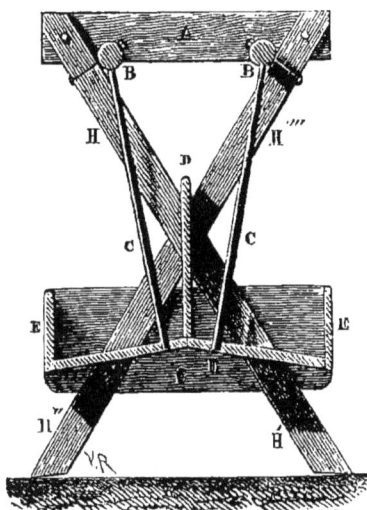

Fig. 74. — Crèche double en bois à pieds en X du système Grandvoinnet.

bois ; les deux fonds inclinés F des auges sont en planches d'échantillon et traversées à leurs extrémités par les pieds ; elles sont en outre supportées par des corbeaux doubles G, boulonnés sur le

bas des pieds. Les perches B B sont boulonnées
sur le haut des pieds, dont elles maintiennent l'é-
cartement, en même temps qu'une planche D qui
divise l'auge et le râtelier en deux ; cette planche
est saisie à chaque bout par la tête fendue et al-
longée du boulon qui assemble les deux branches
de l'X. Enfin, une demi-planche A, boulonnée sur
le haut des branches des pieds, achève de faire de
cet ensemble un tout parfaitement solide en embrassant les deux perches dans des encoches semi-
circulaires.

241. Une bonne disposition de crèche double,
employée autrefois à Grignon, est représentée par

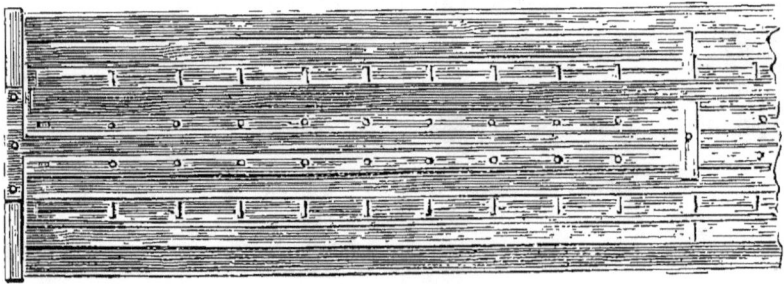

Fig. 75. — Plan de la crèche de Grignon, vue en dessus.

les figures 75, 76, 77 et 78. Les auges sont com-
posées de six planches formant deux trapèzes irré-

guliers accolés. Les ridelles sont mobiles autour

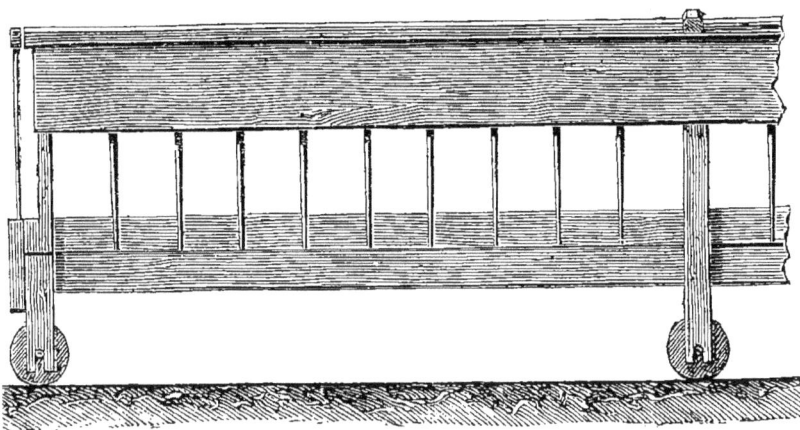

Fig. 76. — Vue de face de la crèche de Grignon.

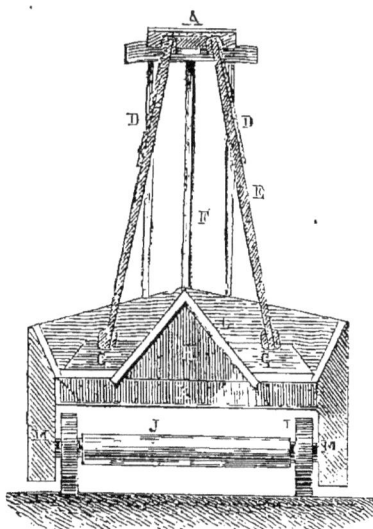

Fig. 77. — Coupe transversale de la crèche de Grignon.

de l'axe de leur perche inférieure, dont les extrémités font tourillons en jouant dans les bouts extrêmes ou flancs des auges. On peut donc rabattre les râteliers à droite et à gauche sur le devant des auges, placer le foin entre eux, puis les rapprocher et les retenir fermés par la pièce P, en

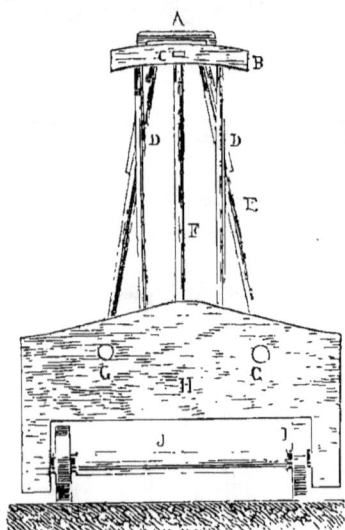

Fig. 78. — Vue de bout de la crèche de Grignon.

forme de double crosse, qui les empêche de s'écarter. Cette disposition de râtelier ne permet guère de perdre de foin et évite que la poussière et les graines tombent sur la tête des moutons. Ces crèches ont six roues pour une longueur de 4 mètres. La construction de cette crèche est peut-être un peu dispendieuse, en main-d'œuvre surtout.

La crèche double pour moutons représentée par les figures 79 et 80, est celle que signale la *Mai-*

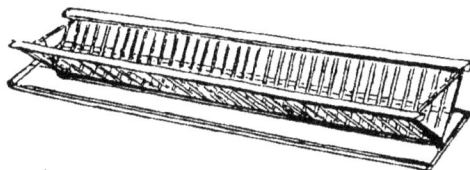

Fig. 79. — Vue d'une crèche double ordinaire.

son rustique du dix-neuvième siècle; elle présente l'inconvénient de barreaux trop inclinés en

Fig. 80. — Vue séparée d'une ridelle.

avant : la poussière des fourrages tombe sur la tête des moutons.

La figure 81 représente une crèche semblable pour agneaux, recommandée par madame Millet-Robinet, qui fait remarquer que les extrémités triangulaires de cette crèche doivent être garnies de barreaux, afin d'empêcher les agneaux de sauter dans l'intérieur de l'auge. Elle présente le

9.

même inconvénient que la crèche précédente, dont elle dérive.

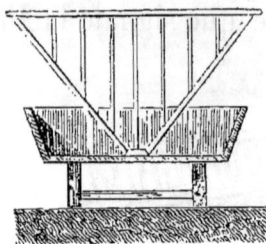

Fig. 81. — Coupe d'une crèche double pour agneaux.

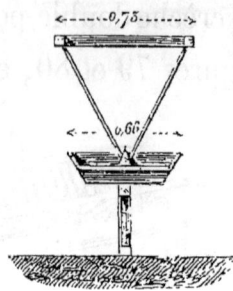

Fig. 82. — Coupe de la crèche double de la ferme impériale de Vincennes.

La crèche double de la bergerie de la ferme

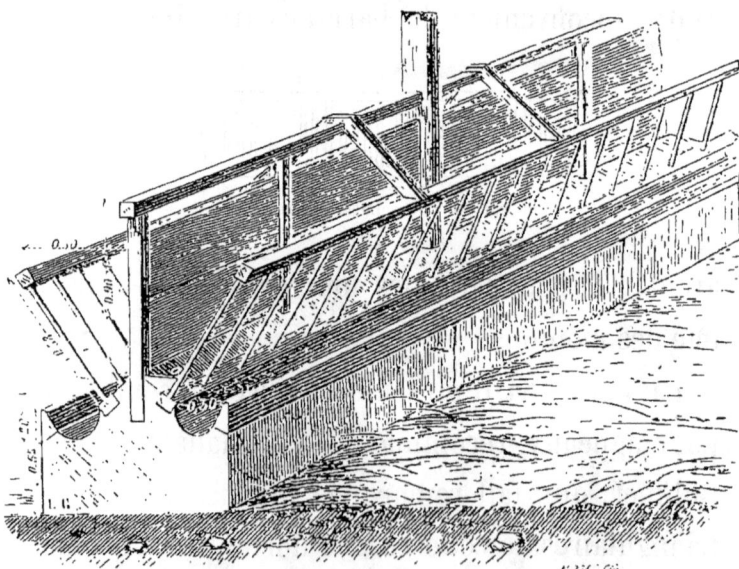

Fig. 85. — Vue perspective avec coupe transversale de la crèche de M. Vallerand de Moufflaye.

impériale de Vincennes (fig. 82) est de la même

disposition que les deux précédentes et a le même
défaut. Les principales dimensions sont indiquées
sur la figure faite à l'échelle de 20 millimètres
par mètre.

La crèche Vallerand (fig. 83) est encore du
même modèle : seulement les auges sont en maçonnerie cimentée et elles sont séparées l'une de

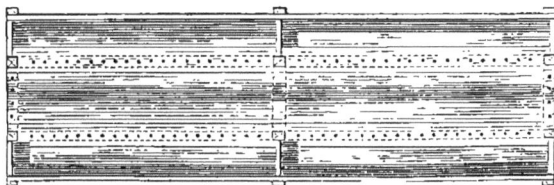

Fig. 84. — Plan en dessus de la crèche double de la bergerie
de M. le comte de Kergorlay, à Canisy.

l'autre, ainsi que les râteliers, par une cloison verticale. La crèche double en bois de la bergerie de

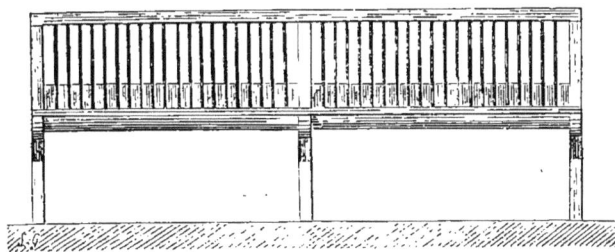

Fig. 85. — Élévation de la crèche double de M. de Kergorlay.

M. le comte de Kergorlay (fig. 84, 85 et 86),
est préférable aux trois derniers modèles (fig. 79

à 82 inclus). Les barreaux sont ici verticaux, ce
qui préserve les moutons de la poussière qui tombe
des fourrages secs. Comme le montre la coupe
(fig. 87), les côtés intérieurs des deux auges se

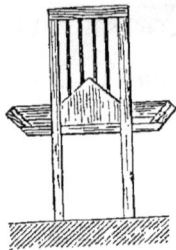

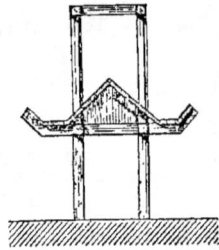

Fig. 86. — Profil.   Fig. 87. — Coupe de la même crèche.

prolongent pour former aux râteliers un fond très-
incliné qui ramène le foin constamment contre la
partie inférieure des barreaux, à la portée des
moutons. C'est une disposition très-recomman-
dable, bien que nous préférions naturellement
notre modèle (fig. 74).

242. La crèche de parcs ou de cours de MM. Hill
et Smith, représentée en perspective figure 88,
est coûteuse : elle repose sur quatre petites roues
en fonte et est couverte d'un toit en tôle dont la
bordure est enroulée ou ondulée pour former
gouttière ; une porte dans ce toit permet de

remplir le ràtelier de fourrage. L'auge a pour section deux triangles accolés par leur bord suivant
l'axe longitudinal ; cette double auge est en tôle :
elle a 0^m,609 de large et peut servir pour 20 moutons ; l'ensemble est solide et peut être traîné par
un cheval, sans danger de rupture, sur tous les
chemins.

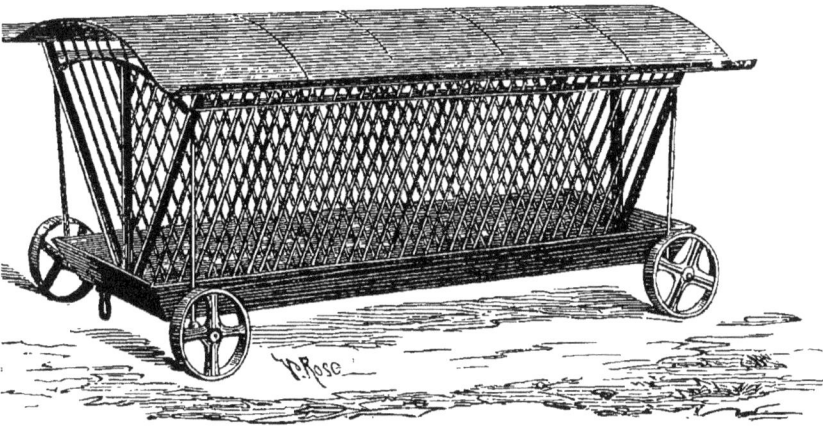

Fig. 8º. -- Vue en perspective de l'auge de cour de Bill et Smith.

Cette crèche, dite n° 1, a 2^m,438 de longueur
et coûte, prise aux ateliers, 157 fr. 50, soit, par
mètre de crèche simple, 52 fr. 50 ou, par mouton, 7 fr. 385.

Le n° 2 un peu moins long (1^m,828), propre à
16 moutons, ne coûte que 100 francs ou, par

mètre de râtelier simple, 27 fr. 55 et, par mouton, 6 fr. 25.

243. Le râtelier locomobile de Kirkwood est du même genre : il a $1^m,828$ de long, $0^m,857$ de largeur au sommet, $0^m,195$ au fond et $0^m,697$ de hauteur. Le couvercle est formé d'une feuille de tôle percée d'une porte pour l'introduction du fourrage. L'auge double a pour section deux demi-cercles accolés et séparés par une courbure convexe. Les débris de foin, les graines tombent dans l'auge et peuvent être ainsi consommés par les moutons sans aucune perte. Le tout repose sur deux petits essieux portant quatre roues en fonte. Cet appareil, qui peut servir à 16 moutons, coûte 115 fr. 75 ou, par mètre de crèche simple, 51 fr. 11 et, par mouton, 7 fr. 11.

Fig. 89. — Crèche double en fer de Grassin.

244. La crèche double de M. Grassin-Baledans, d'Arras (fig. 89), dite n° 7, rappelle ces râteliers

anglais; mais, destinée aux bergeries, elle n'est pas couverte et elle ne porte pas de roulettes; les auges sont à sections trapézoïdales; elle coûte 17 francs le mètre courant non peinte et prise aux ateliers. En admettant, comme pour les crèches anglaises, le minimum de place au râtelier, $0^m,24$ par mouton, ce serait donc par tête seulemen 4 fr. 08.

245. Le même constructeur fait des râtelier pliants qui peuvent être utiles dans quelques cas ils coûtent 10 francs le mètre courant (fig. 90)

Fig. 90. — Râtelier double en fer de Grassin.

246. Enfin, on emploie quelquefois, dans les cours, des crèches circulaires qui ne présentent que l'avantage d'un moindre développement de râtelier par tête de mouton; en revanche, elles sont plus coûteuses et ne peuvent servir que dans les cours : le meilleur modèle a les barreaux du râtelier tout à fait verticaux (fig. 92).

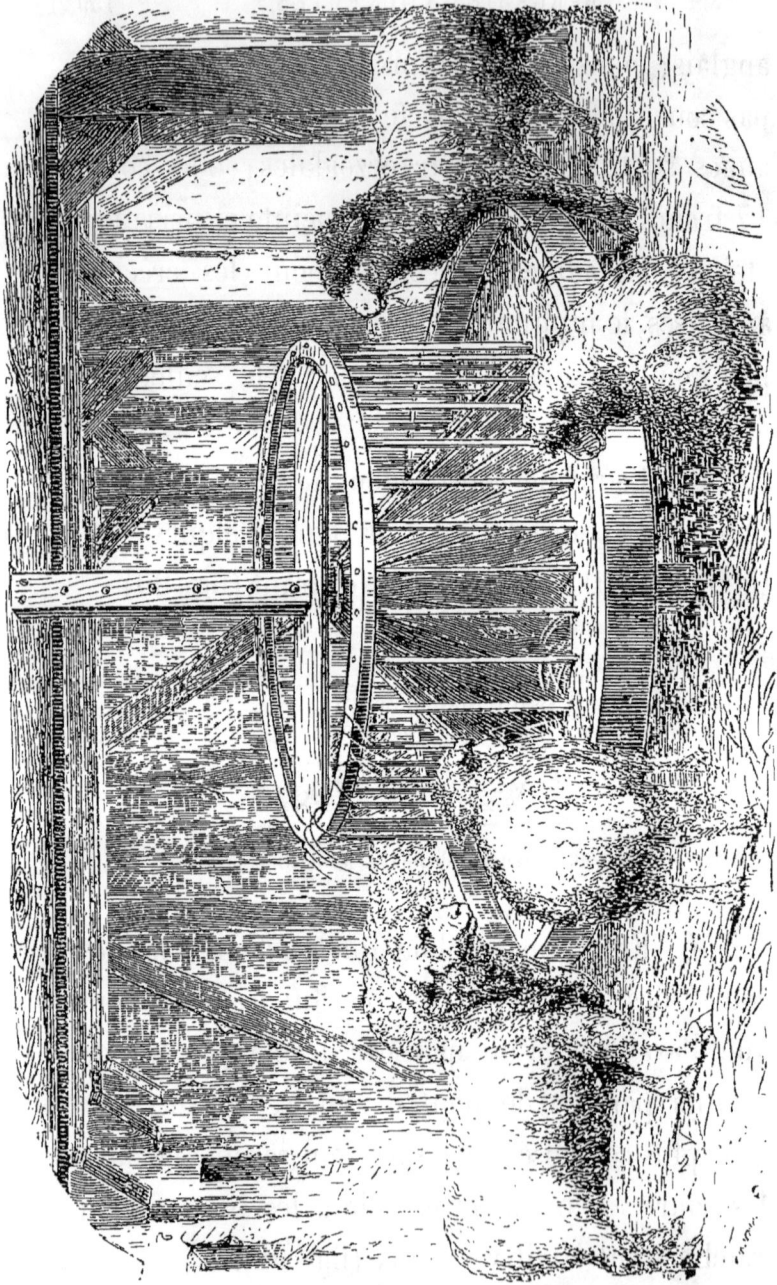

Fig. 91. — Crèche circulaire de la bergerie de Gevrolles

A la bergerie de Gévrolles, ce genre de crèches est adopté. Il se compose, comme on le voit figure 91, d'une auge à fond plat et à rebord vertical formant cercle : les barreaux sont enfoncés dans le fond de l'auge et s'élèvent verticalement jusqu'à un anneau en bois dans lequel ils sont fixés. Un cône intérieur en planches répartit le fourrage de tous côtés en le forçant à descendre contre la partie inférieure des barreaux. L'axe de l'ensemble de la crèche est occupé par un poteau, le long duquel la crèche peut se mouvoir, ce qui permet de l'élever au fur et à mesure de l'accumulation du fumier; on retient la crèche à la hauteur voulue par une forte cheville passant à travers le poteau, en dessous d'une barre droite formant le diamètre du cercle supérieur du râtelier.

Bien que nous n'osions conseiller cette forme de crèche que pour les cours d'élevage des agneaux de prix, nous donnons ici les dimensions reconnues les meilleures et adoptées à Gévrolles :

Diamètre du râtelier. . . . . . 1^m,17
Diamètre du plateau inférieur. . 1^m,75
Hauteur des barreaux. . . . . . 0^m,60
Largeur de l'auge. . . . . . . 0^m,35
Profondeur de l'auge. . . . . . 0^m,15

La crèche circulaire a été aussi adoptée à la ferme impériale de Vincennes (fig. 92 et 93).

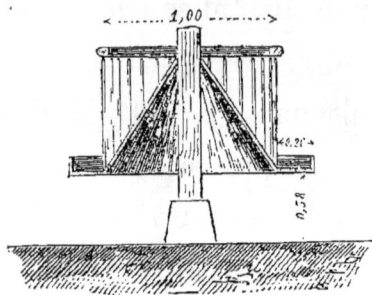

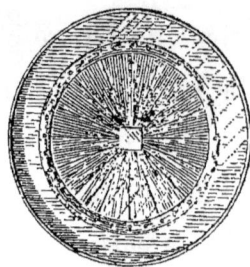

Fig. 92. — Coupe de la crèche circulaire de Vincennes.

Fig. 93. — Crèche circulaire de Vincennes.

C'est une imitation assez exacte de la précédente. Les principales dimensions sont indiquées sur la figure 92.

D. MANGEOIRES-FOURRIÈRES.

247. Toutes les crèches précédentes ont plus ou moins l'inconvénient de permettre aux moutons de jeter à terre une partie de leur ration et de fatiguer les animaux qui doivent arracher du râtelier chaque bouchée en élevant la tête, bien qu'ils aient été faits pour manger à terre. Nous

allons examiner quelques dispositions de mangeoires qui méritent d'être étudiées comme préférables aux crèches formées d'une auge et d'un râtelier.

248. La première disposition, représentée par
la figure 94, est destinée à forcer les moutons à

Fig. 94. — Claie-fourrière pour le pâturage des moutons,

pâturer toute espèce de fourrages, et entre autres
les turneps sur le champ même, sans marcher
dessus; ce sont, à proprement dire, des claies
dont les barreaux sont placés verticalement et assez écartés pour que les moutons puissent passer
la tête et manger au delà l'herbe ou les racines.
Ces claies-fourrières sont simplement posées sur
le sol et retenues par leurs contre-fiches.

Lorsque les moutons ont consommé une petite
bande d'herbes ou un rang de turneps, le berger

pousse les claies en avant, ce qu'il peut aisément faire seul.

Les claies sont réunies l'une à l'autre par de simples anneaux longs ; chacune d'elles a 1^m,828 de long et 0^m,914 de haut ; il y a dix travées par claie, ce qui permet à cinq moutons de manger sans se gêner les uns les autres (0^m,564 par tête).

Le prix de cette claie-fourrière est de 6 fr. 25 prise aux ateliers, soit 5 fr. 418 par mètre courant ou 1 fr. 25 par mouton.

249. Il est clair que ce mode de fourrière pourrait s'employer dans une bergerie : derrière la claie serait placée une auge fixe ou mobile contenant le foin et la paille hachée ou les racines coupées formant la ration des moutons.

250. La figure 95 est une application de ce système à deux rangs de moutons, mais le dessus des claies forme en même temps râtelier pour la paille et le foin non hachés : l'auge un peu étroite ne servant que pour les racines, le tourteau, le grain, etc. La longueur de ce râtelier est de 1^m,828, et il coûte, pris aux ateliers de MM. Hill et Smith, 43 fr. 75, l'auge comprise. C'est, par

conséquent, 11 fr. 965 par mètre de fourrière simple ou, par mouton, 4 fr. 575.

Fig. 95. Crèche à fourrières oblique et râtelier double, de Hill et Smith.

251. M. Bignon, imitant la disposition des auges à bœufs du Limousin, fixe devant les auges

Fig. 96. — Auge-fourrière de M. Bignon.

de ses moutons une cloison en planche percée de trous, ou *cornadis*, par laquelle les moutons passent la tête pour manger (fig. 96).

252. Non-seulement on prévient ainsi tout gaspillage d'aliments, mais les moutons, mangeant chacun à leur place, ne dérangent pas leurs voisins ; enfin, la distribution de la nourriture est plus facile ; on peut même, dans les grandes bergeries, la faire à l'aide de wagonnets roulant sur de petits chemins de fer ; on peut ne mettre entre les auges qu'un sentier étroit pour le passage de l'homme qui pousse le véhicule, et celui-ci passe ainsi un peu au-dessus des auges en y laissant tomber les aliments s'il est convenablement disposé, ce qu'il est facile d'imaginer.

La figure 97 représente une autre fourrière d'une construction très-simple. Les bouts de l'auge en bois sont prolongés et réunis en haut par deux planches s'étendant sur toute la longueur : contre le devant de chacune de ces planches (ou de l'une seulement si elle est simple) on cloue verticalement de petites voliges, laissant entre elles un espace suffisant pour que les moutons puissent passer la tête et manger dans l'auge. La partie supérieure peut être fermée par une planche que l'on soulève pour remplir l'auge. Cette disposition permet peut-être aux moutons d'entraîner les

Fig. 97. — Auges à fourrières, suspendues.

fourrages au dehors. Les modèles suivants nous semblent préférables.

253. Les figures 98 et 99 représentent la disposition de fourrière double que nous proposons pour les grandes bergeries d'engraissement.

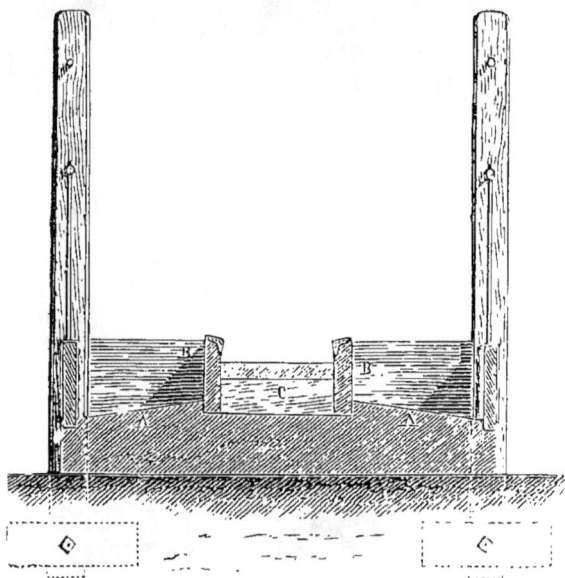

Fig. 98. — Coupe des auges à fourrières adossées à un couloir de service (système Grandvoinnet).

Le fond des auges A A est en maçonnerie et enduit en ciment romain, le devant de chaque auge est une planche de chêne d'échantillon et l'arrière un bout de madrier; les deux madriers parallèles sont reliés de distance en distance par de petites pièces de bois C. Sur ces madriers sont fixés, par des tirefonds à tête fraisée, des fers cornières servant de rails. Sur la planche formant le devant de l'auge est fixée de même la bande de fer plat D

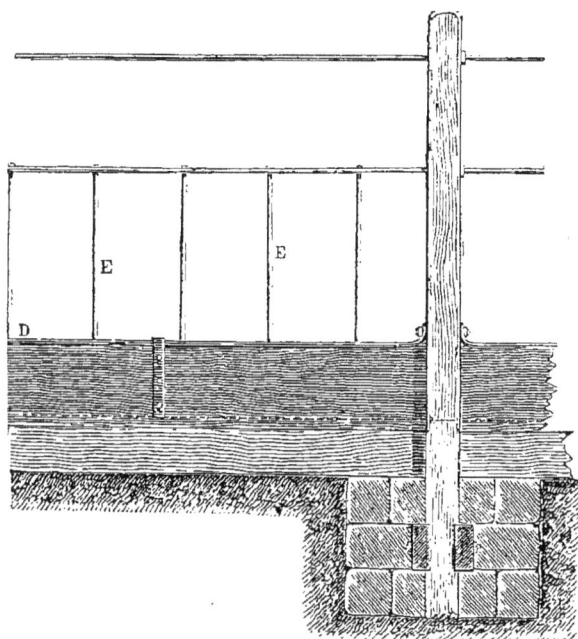

Fig. 99. — Vue de face d'une des auges à fourrières (système Grandvoinnet).

dans laquelle sont rivés les barreaux F formant la fourrière. Cette bande vient se replier et se fixer contre des poteaux scellés tous les 3 ou 4 mètres dans le sol. La barre horizontale du haut de la fourrière se replie de même ou est soudée à un

10

boulon qui traverse le poteau et y est tendue par
un écrou. Enfin plus haut, pour empêcher les
moutons d'escalader la fourrière, est tendue à
l'aide d'écrous une tringle en petit fer rond. Ces
deux figures sont à l'échelle de 1 centimètre pour
2 décimètres, ou au vingtième.

254. Suivant le même principe, nous avons
disposé la fourrière double mobile en fer et tôle,

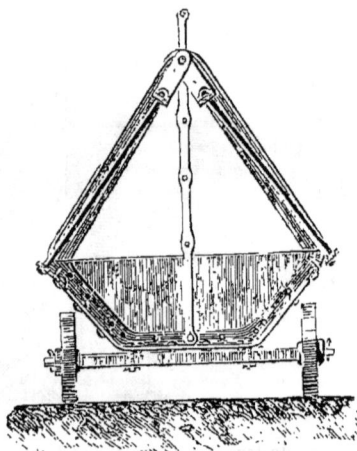

Fig. 100. — Coupe transversale de l'auge double à fourrières
mobile (système Grandvoinnet).

représentée par les figures 100, 101 et 102, à l'é-
chelle du 25ᵉ. Sur une auge double en tôle portée
par quatre roulettes, deux ridelles en fer, ayant
leur axe de rotation en haut, aux points A, A,

peuvent être rabattues ; leur partie inférieure re-

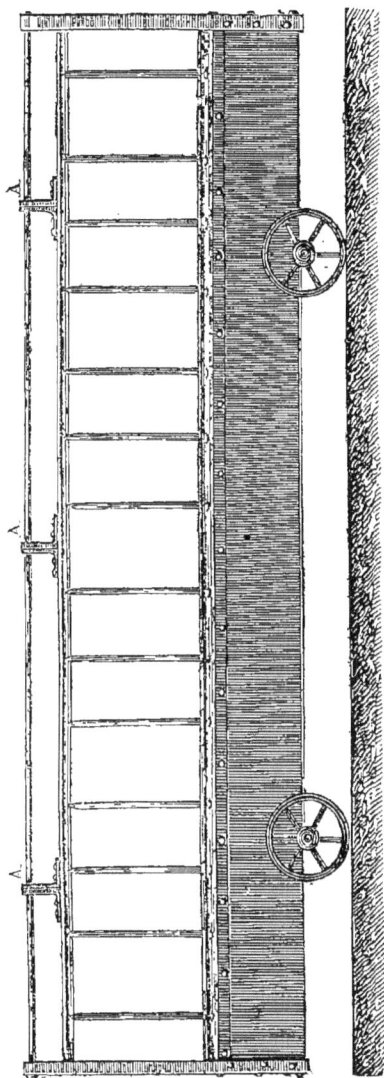

Fig. 101. — Vue de face de la même auge.

posant sur le devant de l'auge, elles sont arrêtées
par deux petits verrous.

Les bouts des auges sont retenus par des bâtis pentagonaux en fer cornière, reliés l'un à l'autre par une entretoise en fer rond qui sert d'axe et de support aux ridelles. Cet axe doit être à $0^m,914$ du sol pour que les moutons ne passent pas par-dessus; ou bien on met entre les deux auges une cloison qui se prolonge à la hauteur voulue.

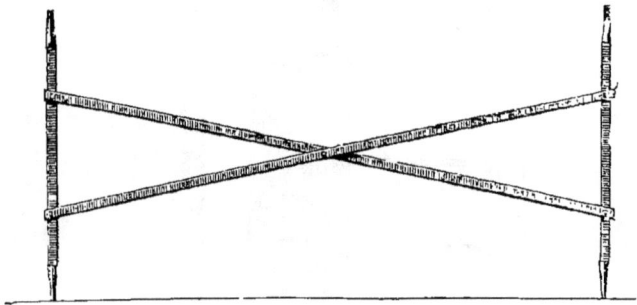

Fig. 102. — Détails des essieux de l'auge précédente.

Pour remplir l'auge de cette fourrière, on soulève et on renverse complétement l'une des ridelles.

255. On pourrait avec avantage mettre l'axe de rotation en bas, sur les auges; mais il faudrait en haut un système d'arrêt moins simple peut-être que le verrou. Enfin, une seule ridelle mobile suffit à la rigueur.

E. CRÈCHES-FOURRIÈRES MIXTES.

La figure 105 représente une même crèche dans deux dispositions différentes. Sur le devant, on voit une crèche double dont l'auge, avec ou sans séparation médiane, est surmontée de deux ridelles contiguës à la partie inférieure et séparées du haut pour former un râtelier double très-incliné. Ces ridelles sont retenues en haut à l'extrémité de la branche horizontale du support en T cloué sur le bout de l'auge, et au bas elles peuvent tourner autour des bouts de leur perche comme axe, de sorte qu'en décrochant du haut ces ridelles on les rabat sur l'auge, qu'elles ferment, comme on le voit dans le lointain, à droite de la figure et à gauche derrière le berger.

Pour les pâturages, cette crèche-fourrière mixte est convenable telle qu'elle est représentée dans la figure; mais, pour servir dans une bergerie, il conviendrait : 1° de placer une cloison médiane dans l'auge, et 2° de prolonger cette cloison par des barreaux horizontaux ou même par des plan-

Fig. 165. — Crèches et fourrières mobiles dans une pâture.

ches, pour diviser en deux le râtelier aussi bien que l'auge.

Lorsque les ridelles seraient abattues, la cloison empêcherait les moutons de passer par-dessus, ce qu'ils peuvent faire dans la disposition que représente la figure.

L'inconvénient des râteliers inclinés au-dessus de la tête des moutons subsiste ici ; et en outre, pour que ces animaux puissent manger dans l'auge, quand les ridelles sont rabattues, il faut que les barreaux soient assez écartés l'un de l'autre.

F. AUGE A COUVERCLE.

M. Bouscasse, directeur de la ferme-école de Puilboreau (Charente-Inférieure) a fait connaître, en 1861, le système de mangeoire adopté pour les bergeries par son père dès 1844, et que l'expérience a sanctionnée :

« Le bâtiment destiné à la bergerie doit être divisé autrement qu'avec les crèches et râteliers anciens. On doit ménager des corridors pour la distribution des fourrages, par lesquels les animaux ne circulent pas; ces corridors, de 1^m,50 de large, sont bordés des crèches dont je parle et divisent le troupeau en diverses catégories ou sections qu'on reconnaît souvent être indispensables à la bonne tenue de ces animaux. De petites portes F permettent au berger de pénétrer dans les divers compartiments, mais ne sont pas en général et dans tous les cas destinées au passage des moutons, qui sortent par des portes assez larges pratiquées dans les murs du bâtiment.

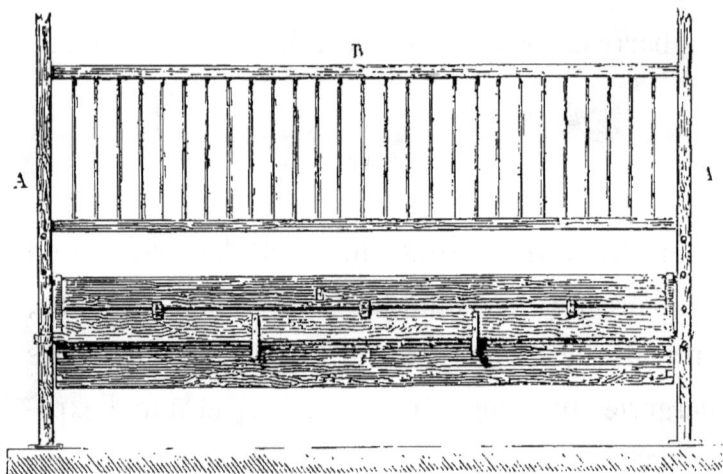

Fig. 104. — Vue de face de la crèche à volet de M. Boussasse.

« Ce système s'établit sur des poteaux verticaux jumeaux A, reposant à la partie inférieure sur un dé en pierre fixé dans le sol; à la partie supérieure, ils prennent leur point d'appui sur les poutres ou sur le solivage du plancher. Au-dessus de chaque mangeoire se trouve un râtelier vertical léger B. Pour empêcher les animaux de passer par-dessus, il est fixé, comme la mangeoire, à l'aide de chevilles qu'on place à différentes hauteurs au besoin.

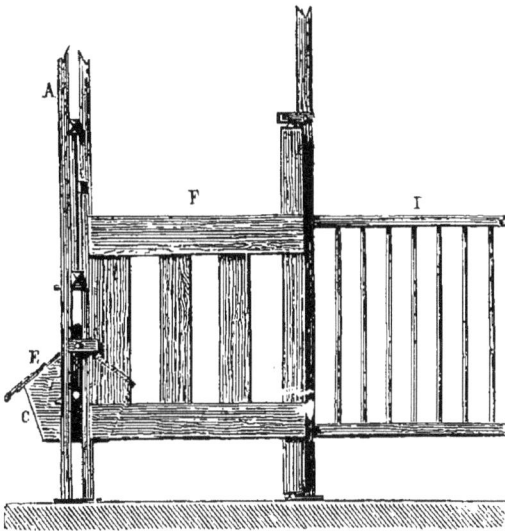

Fig. 105. — Vue d'une porte sur le couloir.

« La mangeoire proprement dite se compose d'une auge C, formée par trois planches assemblées à plats joints et clouées avec la *fonçure;* à leurs extrémités, elles sont assemblées à queues d'a-

ronde dans une planche en orme, bois qui n'est
point exposé à se fendre ; le reste peut être en bois
blanc ou en sapin, afin de présenter plus de lé-
gèreté. Une cheville tournée D supporte les extrémités de deux mangeoires, et leur permet un
mouvement de rotation, condition importante
pour leur nettoiement prompt et complet.

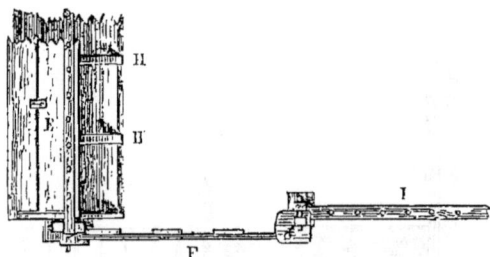

Fig. 106. — Plan de l'auge et de la porte.

« Deux planches minces, E, reliées entre elles
par trois bouts de cuir et portant deux poignées,
sont repoussées du côté intérieur de la mangeoire
pour éviter que les animaux ne se bousculent en
se précipitant sur la nourriture, au moment où
on la leur distribue ; on ramène ces deux planches du côté extérieur, où elles ont pour fonction d'éviter les pertes d'aliments dans le corridor.
Le côté intérieur de la mangeoire est d'ailleurs
divisé par de petits barreaux, H, de manière à

laisser pour chaque 30 et quelques centimètres de
place à la crèche, qui est assez vaste pour contenir toute espèce de fourrage, même de la paille.
Cette disposition a l'avantage de ne jamais permettre au lainage de l'animal d'être sali, et n'o-
blige pas à faire sortir les moutons pour garnir
leurs râteliers. Si on la trouve difficile à adopter

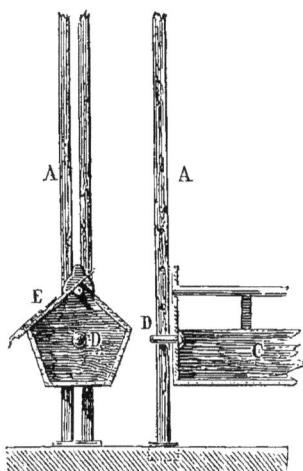

Fig. 107.　　Fig. 108.
Coupe de l'auge.
Vue de la suspension de l'auge.

dans les bâtiments destinés à recevoir de grands
troupeaux d'élevage, elle est très-commode pour
les béliers, pour les brebis partières, et s'applique
aussi avantageusement aux moutons à l'engrais,

qui gaspillent souvent une partie des grains et des racines qu'on leur distribue dans les auges beauceronnes. »

On voit que le râtelier vertical ne sert en réalité que comme cloison à claire-voie : l'auge seule reçoit les aliments et se distingue des auges ordinaires par un volet articulé battant que l'on peut pousser à l'intérieur contre les moutons pour les empêcher de manger, ou attirer vers l'extérieur pour permettre aux moutons de mettre la tête dans l'auge, tout en empêchant qu'ils poussent les aliments en dehors.

Ce genre d'auge est d'un bon emploi ; mais nous lui préférons notre fourrière simple fixe à barreaux (fig. 98), comme étant plus simple, moins coûteuse et empêchant plus efficacement toute perte d'aliments.

En résumé, nous considérons comme tout à fait mauvais l'emploi des crèches simples à râteliers surplombant sur les moutons ; nous admettons l'emploi des crèches à râteliers verticaux, mais en faisant observer que les animaux peuvent entraîner au dehors la nourriture, ce que la disposition de M. Dean évite en partie.

Les fourrières fixes ou mobiles nous semblent seules satisfaire à toutes les exigences : 1° les moutons ont chacun leur place et ne peuvent se gourmander ; 2° ils ne peuvent gâcher leurs aliments ni en perdre ; 3° l'affouragement peut être fait quoique les moutons soient dans la bergerie ; 4° pour les grandes bergeries, la nourriture peut être apportée par des wagonnets, sans exiger une perte de place notable, puisque les couloirs peuvent être réduits à moins de moitié de ce qu'ils devraient être avec des auges ordinaires ou mixtes comme celles de M. Bouscasse ; enfin, nos fourrières fixes sont beaucoup moins coûteuses à établir que tout autre système d'alimentation.

G. ABREUVOIRS.

256. Toutes les auges dont nous venons de parler, si elles sont étanches, et celles de fer surtout, peuvent servir pour donner l'eau dans la bergerie ou dans les cours ; sinon, il faut y placer des auges-abreuvoirs qui doivent évidemment être faites suivant les mêmes principes que les auges-mangeoires, à l'exception que, ne devant servir

11

que fort peu de temps, leur développement est beaucoup plus restreint ; nous ne pouvons approuver les baquets, les cuves ou les bassins placés dans les bergeries : ils offrent trop peu de développement, sont promptement salis et entretiennent aux alentours une fâcheuse humidité.

257. Si l'abreuvoir doit être fixe, il sera de bonne économie de le faire en ciment romain avec un faible rebord au-dessus du sol et protégé par une fourrière en barreaux de fer fermée par le haut.

258. Si l'abreuvoir doit être mobile, on peut prendre l'auge simple de Hill et Smith (fig. 45) ou l'auge double de M. Grassin-Baledans (fig. 109).

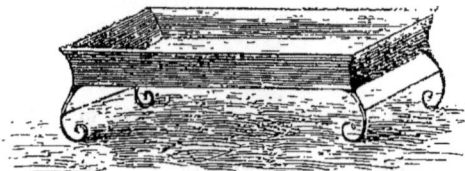

Fig. 109. — Auge simple en fer et tôle de M. Grassin-Baledans.

259. Il est bon d'avoir, *dans* une bergerie, des réservoirs placés à une certaine hauteur qui, à l'aide de petits tuyaux, puissent servir à alimenter

les abreuvoirs. Ils peuvent recevoir l'eau d'égout
du toit, mais il faut qu'ils soient à l'intérieur
pour que l'eau reste à une température convenable.

III

Des portes des bergeries.

260. Si les portes des bergeries n'étaient destinées qu'à laisser entrer ou sortir un seul mouton à la fois, elles pourraient être fort étroites,
mais généralement leur largeur est calculée pour
que deux moutons sortent très-facilement de front
et que trois ne puissent y tenir, soit 1 mètre environ suivant les races.

261. Toutefois, quelle que soit la largeur de
la baie, il est bien difficile d'empêcher les moutons de s'y précipiter plusieurs à la fois ; ils se
pressent et obstruent le passage. Ceux qui se trouvent engagés dans la baie sont froissés contre les
murs, et il peut en résulter de graves accidents,
surtout dans les troupeaux de brebis.

262. La porte la plus large ne peut éviter complétement ces accidents, mais il est facile de comprendre que le mal sera d'autant plus réduit que
la baie présentera plus de largeur. Nous admet-
trons donc une largeur de 1 mètre à 1^m,50, mais
avec la condition que des précautions seront prises
pour régulariser l'entrée et la sortie des moutons.
Une largeur plus grande que 1^m,50 peut évidemment être adoptée, mais elle est facultative.

263. Le premier moyen employé pour parer
aux inconvénients signalés ci-dessus pour l'entrée
et la sortie des moutons, a pour effet d'empêcher
les moutons de se blesser contre les bords plus ou
moins vifs des baies de portes, mais non de les
empêcher de se présenter plus nombreux qu'il ne
convient. Il consiste dans l'application, contre les
montants des baies, de rouleaux cylindriques
(fig. 110 et 111) verticaux, assez mobiles, en haut,
autour d'un tourillon ordinaire, et, en bas, d'un
tourillon à collet d'appui, pour que le moindre
frôlement les fasse tourner.

264. On évite ainsi les blessures ou contusions
que pourraient faire aux moutons des parois fixes
à arêtes plus ou moins vives, mais on n'empêche

nullement les moutons de se mettre trois dans la
baie et de se presser en faisant chacun l'effet d'un

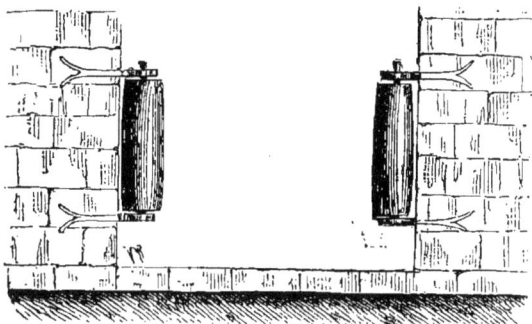

Fig. 110. — Porte avec rouleaux.

coin, inconvénient extrêmement grave pour les
brebis pleines et les agneaux.

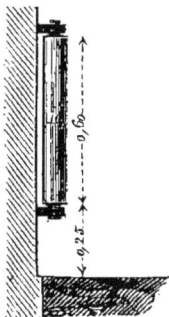

Fig. 111. — Rouleaux des portes de la bergerie de Vincennes.

265. Ainsi, adoptés seuls, ces rouleaux ont peu
d'avantages. Si l'on croit devoir les employer, il

faut leur donner le plus grand diamètre possible
pour qu'ils tournent facilement, mais en conser-
vant toutefois assez de largeur pour que deux
moutons ne soient pas serrés en passant.

Le rouleau commence à $0^m,25$ du seuil et finit
à $0^m,80$ environ, protégeant ainsi surtout le ven-
tre des animaux.

266. Lorsque le mur de la bergerie est en pan
de bois, colombage ou torchis, on peut donner aux
rouleaux un diamètre égal à l'épaisseur de ce mur
(fig. 112); les moutons ne peuvent alors passer sans

Fig. 112. — Plans, en coupe, des rouleaux de porte de la figure 110.

que les rouleaux jouent. Mais si le mur est en
pierres et d'une épaisseur de 45 à 50 centimètres,
il faudrait des rouleaux du côté de l'extérieur et
de semblables du côté de l'intérieur, ce qui même
pourrait présenter des inconvénients. Dans ce cas,
il faut mettre les rouleaux (fig. 113) au milieu de
l'épaisseur du mur en appliquant contre les montants, à l'intérieur de la baie, des tasseaux en bois

pour raccorder, en les émoussant, les arêtes du
mur avec la surface cylindrique mobile des rouleaux.

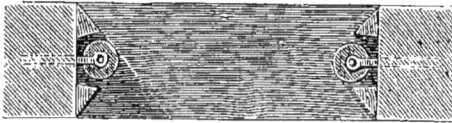

Fig. 115. — Plan d'une porte avec rouleaux, dans un mur épais.

267. Un moyen parfaitement efficace de régulariser l'entrée et la sortie des moutons consiste à
mettre le seuil des portes à 40 ou 50 centimètres
au-dessus du sol, et à faire un plan, incliné de 10
ou 12 centimètres par mètre, qui conduise à ce
seuil et n'ait que la largeur strictement nécessaire
pour que deux moutons y marchent de front. La
porte est elle-même notablement plus large que
le plan incliné, et les montants sont raccordés
avec le seuil par des parties obliques ou arrondies
que les moutons ne peuvent franchir aisément, ce
qui les force à rester au milieu de la baie sans aller contre les parois. Le seuil, pour plus de précaution, peut aussi être un peu élevé au-dessus du
plan incliné ; celui-ci existe à l'intérieur, avec
une pente inverse évidemment.

268. Le seul inconvénient de cet aménagement pour la sortie et l'entrée des moutons, c'est que les plans inclinés rendent inabordables aux voitures les faces du bâtiment. Cet inconvénient n'est sensible que pour les bergeries à grenier.

269. On peut, en cas d'invasion de la maladie appelée *piétin*, placer sur ces plans inclinés des caisses en chêne fort peu profondes dans lesquelles on entretient, comme médicament ou préservatif, un lait de chaux ou une dissolution de sulfate de cuivre, que les moutons traversent forcément en entrant et en sortant. La pente étant un peu forte, on divisera la caisse, par des tasseaux transversaux, en portions d'environ 50 centimètres de largeur (fig. 114).

M. A. Caillaux emploie depuis 1860 ce vieux moyen de guérison du piétin, et il lui réussit. Il lui avait été indiqué par M. Martinet, vétérinaire à Bar-sur-Seine.

Les moutons, en entrant et en sortant de la bergerie, prenant forcément des bains de pied au lait de chaux, guérissent au bout de quelques jours.

M. A. Caillaux fait ses caisses de 5 mètres de long et de la largeur même des portes; il emploie

des planches de bois blanc dressées à la varlope
pour le fond ; ces planches sont simplement réunies à plats joints et maintenues l'une contre
l'autre par de petites baguettes transversales et
clouées, qui servent en outre à empêcher les mou-

Fig. 114. — Caisses à lait de chaux contre le piétin.

tons de glisser. Les rebords sont faits en *dosses* ou
levées de 10 à 12 centimètres. Le renflement causé
par l'humidité suffit, avec les incrustations de
chaux éteinte, pour rendre ces boîtes étanches.
Chacune revient à 6 francs.

11

270. La hauteur des baies est à peu près indiffé-rente dès qu'elle permet facilement à un homme de passer. On se tiendra toutefois entre 2 mètres et 2^m,50, à moins que quelques conditions parti-culières n'exigent une plus grande hauteur, ou qu'au contraire la plus stricte économie ne force à réduire la hauteur au minimum ou à 1^m,75.

Fig. 115. — Porte de l'ancienne bergerie de Grignon, vue ouverte.

271. La porte peut être faite pleine de haut en bas, à deux battants si elle a plus de 1 mètre de largeur. On peut préférablement la faire coupée en deux dans le sens de la hauteur : la partie in-

férieure est à deux battants tournant autour de
gonds verticaux, comme d'habitude ; la partie supérieure est un simple volet battant et tournant
autour d'un axe horizontal représentant l'axe de
deux charnières, comme dans l'ancienne bergerie
de Grignon (fig. 115 et 116).

Fig. 116. — Porte de l'ancienne bergerie de Grignon,
vue fermée.

272. On peut faire aussi la porte à claire-voie
dans la moitié supérieure de sa hauteur et appliquer en dedans un châssis à claire-voie, dont les
ouvertures soient tant vide que plein et bien éga-

les à celles de la porte. Ce châssis glisse dans deux tasseaux à coulisse et permet de fermer ou d'ouvrir les claires-voies ménagées dans la porte. On a ainsi un ventilateur simple et efficace.

273. Les portes intérieures qui peuvent exister dans une bergerie ne présentent rien de particulier, puisqu'elles ne doivent réellement servir qu'au passage des hommes de service ; sinon, les observations précédentes seraient applicables.

274. Si l'on ménage dans les pignons des portes charretières pour l'enlèvement direct du fumier, on leur donne la largeur nécessaire, c'est-à-dire 2 mètres au moins et suivant les véhicules employés ; la hauteur peut être réduite à 2 mètres ou $2^m,50$, à moins qu'on ne veuille y pouvoir faire passer au besoin une voiture chargée de paille ou foin ; dans ce dernier cas, la hauteur doit être d'environ 5 mètres.

275. La construction de ces portes peut varier, mais habituellement chaque battant est formé de deux montants verticaux reliés par trois traverses *affermies* par deux écharpes ; le tout recouvert de planches assemblées à plat joint ; cet assemblage pouvant être, comme dans la grande porte de l'an-

cienne bergerie de Grignon, recouvert par des tringles en bois.

276. La ferrure consiste dans un pivot, au bas, tournant dans une crapaudine scellée dans un dé en pierre ; en haut, un collier embrassant le montant arrondi. Cette porte se ferme en dedans par une barre pivotante arrêtée dans deux pattes. En dehors par un loquet ordinaire.

277. Au lieu de mettre, comme dans les portes de Grignon, le pivot dans le montant, nous préférons y mettre la crapaudine qui, étant renversée, ne peut se remplir d'eau dans les temps de pluie et se rouiller ; le pivot est alors scellé dans la pierre, et il peut être surmonté d'une petite lentille d'acier en supportant une autre renversée qu'il est facile de changer après usure ; enfin, le pivot lui-même est entouré d'un anneau de cuir à frottement doux permettant de conserver de l'huile entre les lentilles.

IV

Fenêtres.

278. Le but principal des fenêtres, c'est naturellement d'*éclairer* la bergerie, autant pour le bien des moutons que pour permettre au berger de les soigner, les affourager et enlever le fumier.

279. A égalité de surface, les fenêtres éclairent d'autant mieux qu'elles sont placées plus haut : il convient donc, en principe, de leur donner de la surface en augmentant plutôt la largeur que la dimension verticale. On les fait donc larges et on les place à 1^m,8 ou 2 mètres au moins au-dessus du sol.

280. Leur forme est d'ailleurs indifférente pourvu que leur surface totale soit suffisante.

281. Il est à peu près impossible de fixer cette surface. Tout ce que l'on peut dire, c'est qu'il vaut mieux qu'une bergerie soit trop éclairée que trop sombre, car le premier défaut, si c'en est un (et pour les moutons d'engrais, c'est possible), est fa-

cilement corrigé à l'aide de volets ou de persiennes, de paillassons ou de stores.

282. Si l'on veut se servir des fenêtres pour
l'aérage, il faut qu'elles soient faciles à ouvrir et
à fermer ; comme elles doivent être placées à une
assez grande hauteur au-dessus du sol, nous conseillons des fenêtres s'ouvrant comme des tabatières, ou tournant sur pivot autour d'un axe vertical
passant par le milieu de leur largeur. Dans ce
dernier cas, les feuillures doivent être faites dans
deux sens inverses (fig. 117).

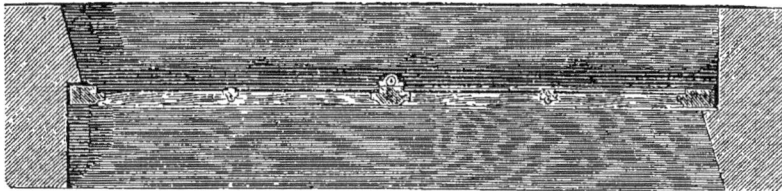

Fig. 117. — Plan, en coupe horizontale, d'une fenêtre à pivot.

283. La fenêtre proprement dite devra, dans ce
dernier cas, avoir un montant central contre lequel seront encastrées et vissées deux crapaudines
permettant de poser la fenêtre lorsque les deux pi-
vots ont été scellés dans les murs, en haut et en

bas. La fenêtre placée, on pose les crapaudines et on les fixe solidement dans le bois par deux petites vis (fig. 118 et 119).

Fig. 118. — Vue intérieure d'une fenêtre de bergerie à pivot.

284. Un simple loquet ouvert à l'aide d'une ficelle ou d'une tringle sert de fermeture ; il est préférable, toutefois, d'employer un petit verrou rotatif fixé contre un des montants extrêmes du châssis de la croisée et qui entre de lui-même dans un trou ou gâche lorsque l'on pousse la fenêtre (fig. 120).

285. Une fenêtre tabatière pouvant être faite à bas prix est représentée par la figure 121. Elle tourne autour de deux petits tourillons A engagés

dans deux crapaudines à retour d'équerre, encas-

Fig. 119. — Coupe verticale de la
fenêtre à pivot pour bergerie.

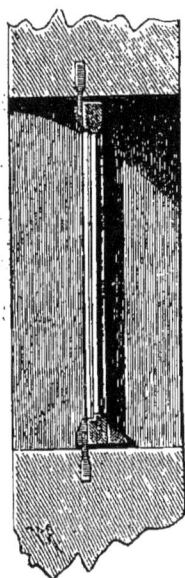

Fig. 120. — Loquet d'arrêt à tarage
pour arrêter la fenêtre fermée.

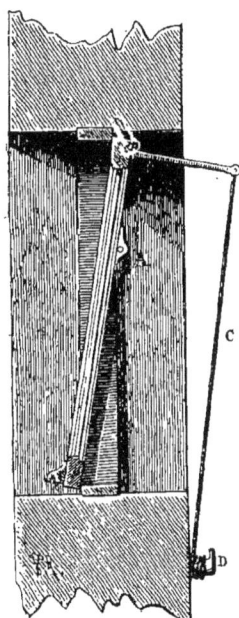

Fig. 121. — Coupe verticale d'une
fenêtre à bascule pour bergerie.

trées dans les montants ; elle se tient fermée par
son propre poids. Pour l'ouvrir, on tire sur la

cordelette C qui, attachée à une cheville D, a une longueur telle que la fenêtre ne peut jamais frapper contre le mur en E. Une partie de la cordelette peut même, avec avantage, être faite en caoutchouc, de façon qu'il doive y avoir allongement pour que la fenêtre vienne reposer en E sur le mur. En enroulant plus ou moins de cordelette sur la cheville D, on ouvre plus ou moins la fenêtre. On peut adapter un dormant en bois plat scellé dans les parois de la baie, comme le montre la figure 121.

286. Nous avons supposé, jusqu'ici, que les croisées étaient vitrées. Par économie, on ne met souvent que des volets, ce qui gêne un peu le service dans les froides journées d'hiver ; quelquefois même il n'y a que les baies, sans volets ni fenêtres. On ne peut approuver cette manière d'agir que pour des bergeries d'élevage, et encore avec restriction. Il vaut mieux, dans ce cas, garnir les baies d'un grillage en fil de fer, d'un châssis en toile grossière, ou mieux de persiennes.

Les persiennes en bois (fig. 122 et 123) ont été proposées par M. E. Damourette. Elles se composent, comme on voit, d'un châssis dormant en

planches employées à plat. Trois lames peuvent
tourner chacune autour de petits tourillons en-

Fig. 122. — Persienne en bois de M. E. Damourette, vue fermée.

castrés dans les faces verticales du dormant :
les trois lames sont réunies par une tringle en
bois qui rend leurs mouvements solidaires.

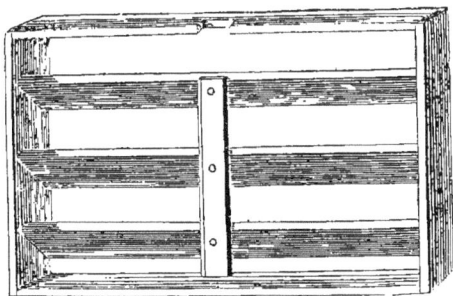

Fig. 123. — Persienne en bois de M. E. Damourette, vue ouverte.

La figure 122 montre la persienne fermée ; la
figure 123 la montre ouverte.

287. On peut combiner dans la même baie une fenêtre vitrée dormante, pour l'éclairage, avec deux châssis à persienne, pour l'aérage. Les châssis à persienne représentés dans la figure 124 sont

Fig. 124. — Châssis dormant avec persienne en fer de M. Grassin-Baledans, d'Arras.

en fer et de la fabrique de M. Grassin-Baledans, d'Arras; ils coûtent de 8 à 12 francs; mais il est évident qu'on les peut faire aussi bien en bois, si l'économie doit être la première condition à satisfaire.

V

Ventilation.

A. PRINCIPES GÉNÉRAUX.

288. La respiration est une des plus importantes fonctions de la vie animale; elle redonne

au fluide nourricier, le sang, dès qu'il est vicié
par l'exercice même des diverses fonctions vitales,
le moyen de réparer les altérations qu'il a subies.
Le sang veineux, noir, en passant par les poumons, échange l'acide carbonique dont il s'était
chargé contre de l'oxygène qui le révivifie pour
ainsi dire et le rend rouge vermeil. Le sang se
désoxygène en brûlant ou en oxydant les diverses
parties du corps qu'il parcourt; la respiration est
une combustion qui ne peut continuer que par le
renouvellement de l'oxygène.

289. Dès le dix-septième siècle, Maiou montra
que l'air, par le fait même de la respiration, devient bientôt *irrespirable* parce qu'il perd son
principe de combustibilité, et il fit même voir
que l'air qui a servi à la combustion dans un foyer
n'est plus propre à la respiration.

290. Lors donc que l'on enferme des moutons
dans une bergerie complétement close, l'air, d'a-
bord pur, perd, par le fait même de la respiration
des animaux et à chaque instant, une portion de
son oxygène, qui est remplacée par de l'acide carbonique. La proportion d'oxygène contenue dans
l'air va donc constamment en diminuant, tandis

que celle de l'acide carbonique augmente ; au bout d'un temps un peu prolongé, il y aurait donc commencement d'asphyxie si quelque ouverture ne laissait entrer de l'air extérieur. Sans aller jusqu'à l'asphyxie, on comprend qu'au bout de quelques heures de séjour dans une bergerie peu spacieuse, parfaitement close, les moutons *souffriraient* en ne trouvant plus dans l'air confiné une assez forte proportion d'oxygène, mais une trop forte quantité d'acide carbonique.

291. L'inconvénient se manifestera d'autant plus lentement, que la bergerie sera plus haute et plus spacieuse pour le même nombre de moutons.

292. En admettant qu'un mouton consomme une ration équivalente en foin à 4 pour 100 de son poids vif, soit $1^{kg},60$ par mouton du poids moyen de 40 kilogrammes ; il brûle en réalité, dans vingt-quatre heures, $0^{kg},520$ de carbone pur exigeant théoriquement 2,560 litres, et pratiquement beaucoup plus, environ 6,000. Si donc le mouton n'a dans la bergerie qu'un cube de 5 mètres, au bout de très-peu d'heures il n'y aurait plus guère d'oxygène dans l'air ; aussi,

bien avant ce temps, l'animal serait asphyxié.
Après quelques heures seulement, il serait fort
gêné dans sa respiration. Le cube d'air nécessaire
sans ventilation devrait donc être énorme.

293. Mais la respiration n'est pas la seule cause
de viciation de l'air dans une bergerie : les déjections, le fumier dégagent des gaz ammoniacaux
et autres qui ajoutent encore au malaise des moutons, qui se trouvent ainsi dans un milieu irrespirable, chaud, humide et même un peu empoi-
sonné. On comprend sans peine qu'alors ils souffriraient peut-être moins à l'air libre, même en
hiver.

294. On croit remédier suffisamment à cet état
de choses en ouvrant chaque jour les portes et les
fenêtres, mais il est bien évident que ce ne peut être
qu'un palliatif : le mal est constant, il faut que le
remède le soit aussi. Si l'ouverture temporaire a
lieu pendant que les moutons sont à la bergerie,
dans un état d'affaiblissement causé par l'air chaud
et humide de l'intérieur, ils peuvent souffrir du
contact d'un air froid arrivant sous forme de courant, pendant cette *aération*.

295. Dans une bergerie fermée, l'air ne peut

être toujours propre à la respiration qu'autant que l'on assure la sortie constante de l'air vicié et l'entrée permanente de l'air neuf extérieur. Ce renouvellement continu de l'atmosphère intérieure d'un bâtiment est ce que l'on désigne par le mot *ventilation*.

296. Une ventilation parfaite en tous temps, dans un bâtiment, est une chose fort difficile à obtenir.

Dans une bergerie, ce n'est pas l'été, mais surtout l'hiver et dans les nuits froides du printemps et de l'automne qu'elle est nécessaire, puisque en tout autre temps on peut laisser les fenêtres ouvertes. On peut alors profiter de la différence de température entre le dehors et l'intérieur pour obtenir le courant constant qui constitue la ventilation.

297. L'air intérieur étant à une température plus élevée que celui de l'extérieur, tend à s'élever constamment, d'autant plus qu'il contient un peu de vapeur d'eau produite par les poumons et le fumier ; si donc on ouvre un passage au plus haut de la bergerie, l'air chaud l'atteint bientôt et sort d'une manière constante si l'*aire* de ce pas-

sage est suffisante. Le vide que tend à faire dans la bergerie l'élévation de l'air chaud, et sa sortie, est à chaque instant rempli par de l'air frais venant de l'extérieur par les fentes des portes, ou par de petites ouvertures spéciales faites au niveau du sol et appelées *barbacanes* ou *ventouses*.

298. Ce mode de ventilation naturelle exige deux systèmes d'ouvertures : 1° pour la sortie de l'air vicié, chaud, au point le plus haut de la bergerie ; 2° pour l'entrée de l'air neuf, froid, au point le plus bas. S'il n'y avait que des ouvertures d'expulsion de l'air chaud, le courant ascensionnel ne pourrait persister et bientôt même il se ferait partiellement en sens contraire ; réciproquement, s'il n'y avait que des barbacanes, et pas de sortie supérieure, il n'y aurait pas appel de l'air dans l'intérieur, les barbacanes ne fonctionneraient point.

299. Si, dans une bergerie, il n'y avait qu'une sortie de l'air vicié et qu'une seule entrée de l'air neuf, il se formerait de l'une à l'autre de ces ouvertures un courant violent distinct qui serait nuisible aux animaux placés dans son parcours : en outre, le renouvellement ne se ferait pas également partout ; il serait à peine sensible dans les

12

parties éloignées du courant. Il faut donc répartir convenablement plusieurs ouvertures d'expulsion de l'air vicié, et au bas des murs plusieurs barbacanes pour disséminer les courants d'entrée de l'air frais ; on renouvelle ainsi l'air également sur tous les points de la bergerie, et nulle part il n'y a de courants d'air assez forts pour nuire aux animaux, quelque impressionnables qu'ils puissent être.

300. En été, la différence de température entre l'extérieur et l'intérieur d'une bergerie n'est pas assez marquée dans un sens ou dans l'autre pour qu'il se fasse naturellement des courants ascendants ou descendants dans la bergerie ; les murs étant échauffés par les rayons solaires, il se fait contre leur surface extérieure un courant ascensionnel qui gêne l'entrée de l'air par les barbacanes ; d'autre part, l'air étant aussi chaud au dehors qu'au dedans, l'air vicié ne tend pas à sortir, il n'y a pas appel d'air.

301. On ne peut remédier à cet état de choses qu'avec de vastes fenêtres par lesquelles l'air peut alternativement entrer ou sortir, suivant les courants qui se forment au dehors ; ou bien en faisant un appel artificiel pour expulser l'air vicié

par une cheminée dans laquelle on ferait du feu,
ou enfin, mécaniquement, c'est-à-dire à l'aide de
ventilateurs aspirant l'air intérieur ou poussant
l'air du dehors. Ces moyens sont trop coûteux pour
que l'on ose les conseiller dans les bergeries. L'essentiel est d'assurer une ventilation gratuite en hiver et pour les nuits froides ; en temps chaud, on
obtiendra le même résultat si l'on a de larges fenêtres que l'on puisse tenir ouvertes.

302. On a parfois conseillé de percer dans les
portes des ouvertures rondes dans lesquelles on
place un petit moulinet à ailettes obliques, et qui
tourne lorsqu'un courant d'air vient le frapper ;
et on a appelé bien à tort ces appareils des *ventilateurs ;* car, bien loin d'attirer l'air du dehors,
ils gênent son entrée au dedans. En effet, ils ne
peuvent tourner qu'en recevant un courant d'air ;
si celui-ci existait, il entrerait, dans l'ouverture
libre, sans obstacle ; le moulinet étant là, le courant d'air doit le faire mouvoir ; or, il perd à cela
près de moitié de sa vitesse propre. Le prétendu
ventilateur n'est donc là, contrairement à son
nom, qu'un obturateur imparfait, ou tout au moins
un modérateur du courant naturel. Il n'a qu'un

effet : montrer que la ventilation se fait naturellement, en la modérant.

303. Il en serait tout autrement si l'on faisait
mouvoir ce moulinet à l'aide d'un moteur, par la
machine à vapeur de la ferme, par exemple. Mais
on ne le fait ordinairement pas. Il vaudrait mieux,
du reste, si l'on voulait faire une ventilation mécanique, faire mouvoir des ventilateurs aspirants
placés dans les cheminées de sortie de l'air vicié,
ils prendraient assez peu de force, car il n'est pas
nécessaire de leur donner une grande vitesse.

B. APPAREILS POUR L'EXPULSION DE L'AIR VICIÉ.

1. Pavillons ventilateurs.

304. Pour assurer la sortie de l'air vicié d'un
bâtiment quelconque renfermant des animaux et
sans grenier, on peut, si la plus grande économie
est nécessaire, couvrir la moitié supérieure des
combles avec des tuiles ordinaires ou des ardoises
posées à claire-voie ; on économise ainsi une partie
des frais de couverture, et il reste sous les tuiles du
haut du comble une multitude de petites ouvertures par où s'échappe l'air vicié, sans permettre

cependant que la pluie ou la neige y pénètrent.

305. Si l'on est moins économe, on ménage sur le faîte du comble, tous les 7 ou 8 mètres, dans chaque deuxième travée de 3^m,3 à 4 mètres de large, un pavillon ventilateur de 1 mètre de côté en tous sens et complétement ouvert sur ses quatre faces, ou garni de persiennes fixes ou même mobiles (fig. 125).

Fig. 125. — Pavillon ventilateur, toit à longs pans.

Ces pavillons peuvent être aussi à toit pyramidal, ou, pour plus d'économie, n'avoir qu'un toit à deux longs pans. Dans les deux cas, le toit doit avoir assez de saillie pour empêcher la pluie ou la neige de pénétrer par les persiennes.

12

306. Lorsque la bergerie est surmontée d'un grenier, on ménage dans le plafond des ouvertures convenablement réparties, suivant la longueur et la largeur du bâtiment, et chacune de ces ouvertures est surmontée d'un tuyau en planche ou en tôle s'élevant jusqu'au-dessus du comble et surmonté d'un petit toit.

Fig. 126. — Coupe du pavillon ventilateur.

307. L'ouverture inférieure de la cheminée est ordinairement plus grande que la supérieure, et elle peut être fermée par un registre permettant de régler ou de modérer à volonté la vitesse de sortie de l'air vicié.

308. Ce registre peut être horizontal et glisser dans des rainures, figure 127-128; un contre-poids

tend à tenir ouvert constamment chacun des registres ; une cordelette passant sur une deuxième
poulie permet de les fermer plus ou moins : cette
corde étant fixée plus ou moins bas ou enroulée

Fig. 127. — Coupe verticale d'une cheminée d'aération
avec son régulateur glissant.

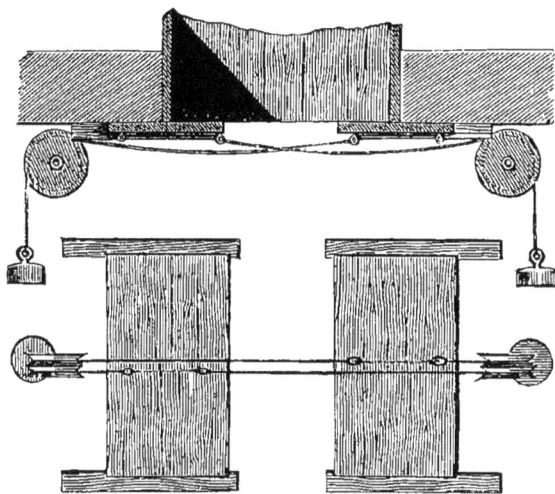

Fig. 128. — Plan d'un régulateur de ventilation glissant.

plus ou moins haut sur une cheville fixe ; au lieu
de deux registres, pour que le courant soit toujours au centre de la cheminée, comme l'indique
la figure, on peut n'en placer qu'un par économie.

309. Le bas de la cheminée peut être fermé

par deux clapets (fig. 129); chaque clapet ou trappe A est assez lourd pour tendre toujours à retomber et fermer ainsi la cheminée; il porte

Fig. 129. — Régulateur d'aérage à double trappe.

un levier B percé d'un trou pour le passage d'une cordelette qui peut être plus ou moins enroulée autour d'une cheville fixe, lorsque l'on veut ouvrir plus ou moins la sortie de l'air vicié.

Au lieu de mettre deux clapets qui donnent toujours un courant ascendant suivant l'axe de la cheminée, on peut n'en mettre qu'un par économie.

510. Enfin, le registre peut être un papillon tournant autour d'un petit axe vertical (fig. 150-151) et fait en tôle, ou à la rigueur en bois. Sur son axe vertical, est fixée solidement une branche A, à l'extrémité de laquelle est attachée une cordelette

passant sur deux poulies ; d'un bout, un contre-
poids et, de l'autre, une boucle que l'on attache

Fig. 130. — Plan du régulateur à papillon.

plus ou moins haut pour tenir plus ou moins ouvert. On perd beaucoup d'air de passage avec ce

Fig. 131. — Coupe du régulateur à papillon.

dernier régulateur : nous conseillons de préférence les clapets (fig. 129) ; ils sont simples et ne
présentent aucune chance de dérangement.

C. VENTOUSES OU BARBACANES.

311. On nomme ainsi des ouvertures assez petites, plus nombreuses que celles d'évacuation de l'air vicié, et qui ont pour but de donner passage à l'air neuf venant de l'extérieur. On les répartit uniformément le long des murs, à environ $0^m,20$ au-dessus du sol. Suivant les matériaux employés pour la construction, elles sont rondes ou rectangulaires. Lorsque les murs sont en briques, les ventouses sont de petites fenêtres larges de 11 à 15 centimètres et hautes de 20 à 25; dans des murs en moellons, ce sont de petites ouvertures rectangulaires, peu régulières et de dimensions un peu plus grandes. On peut aussi, dans ce dernier cas, placer dans l'épaisseur du mur des cadres en bois grossièrement faits et formant les ventouses mêmes ou de gros tuyaux de drainage ou de poteries; dans les murs en briques, on peut faire une ou deux assises en briques creuses.

312. Lorsque les barbacanes ont une certaine dimension, on les ferme par de petites planches

percées de trous, ou par un grillage en fil de fer, ou enfin une tôle percée afin de barrer le passage aux souris et aux rats (fig. 152).

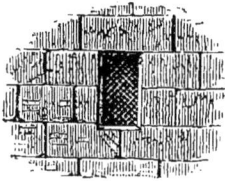

Fig. 152. — Barbacane ou ventouse fermée par un grillage.

VI

Murs et cloisons.

A. MURS.

313. Les murs d'une bergerie ont pour fonction de préserver l'intérieur du froid et de la pluie et, le plus souvent, de supporter les charpentes du comble. Dans ce dernier cas, ils doivent avoir une épaisseur suffisante pour résister à la pression du toit et même un peu à la poussée, qui n'est absolument nulle que pour une construction parfaitement faite, chose rare.

514. Les matériaux dont sont faits ordinaire-

ment les murs étant très-mauvais conducteurs de la chaleur, l'épaisseur qui suffit pour porter le toit suffit aussi pour arrêter le froid. $0^m,35$ à $0^m,40$ suffisent largement pour les murs, en moellons, de bergeries sans greniers, suivant qu'elles portent moins ou plus directement les fermes de comble ; s'il y a un grenier à fourrages, il faut une épaisseur de 40 à 50 centimètres. Ces dimensions supposent une profondeur de bâtiment de 8 à 10 mètres au plus.

315. Si les murs sont construits en briques et s'il n'y a pas de greniers, l'épaisseur sera de 22 centimètres seulement, sauf sous les fermes où les murs auront une épaisseur de 55 centimètres en formant des pilastres de $0^m,45$ de largeur au moins.

Si la bergerie a un grenier, les murs en briques doivent avoir plus d'épaisseur par suite du surcroît de hauteur, et les pilastres auront $0^m,66$ sur $0^m,44$.

316. Les murs faits en pans de bois auront des poteaux corniers ou de fermes de 16 à 24 centimètres d'équarrissage, suivant que la bergerie sera simple en hauteur ou avec grenier.

B. CLOISONS.

317. Si quelque raison engage à diviser la bergerie en plusieurs compartiments distincts par des murs de refend ou des cloisons, ces murs auront une épaisseur aussi faible que possible : $0^m,33$ en moellon, $0^m,11$ en briques et en pan de bois, lorsqu'il y a un plafond. Autrement, le mur de refend ou la cloison devant servir en outre à supporter les pannes du toit ou une ferme, auront une épaisseur plus forte, $0^m,40$ à $0^m,50$ en moellons, $0^m,22$ en briques et pan de bois.

318. On a rarement besoin de cloisons dans une bergerie. Pour séparer les divers troupeaux, il suffit de râteliers mobiles ou de claies. On peut ainsi faire les divisions suivant le nombre actuel des animaux des diverses catégories.

VII

Charpentes de comble.

519. Comme nous le verrons ci-après, les bergeries peuvent avoir des profondeurs très-diverses, depuis 3ᵐ,5 à 4 mètres jusqu'à 20 mètres et plus. Ce genre de bâtiment comporte donc toute espèce de fermes de comble. Les donner ici, ce serait faire un traité de charpenterie ; nous renvoyons seulement aux modèles de bergerie donnés plus loin.

VIII

Couvertures.

520. Leur seul but étant ici d'empêcher l'eau et la neige de pénétrer à l'intérieur de la bergerie, on choisira la couverture qui dans le pays est la plus réellement économique, eu égard non-seulement à son prix de premier établissement, mais

au prix de la charpente qu'elle exige, à sa durée, à son entretien et enfin à la prime d'assurance contre l'incendie qu'elle entraîne pour le bâtiment tout entier.

321. Une couverture assez récente tend à remplacer toutes les autres, c'est la couverture en tuiles dites à couvre-joints, connues sous divers noms, Jolibois, Muller, Boulet, de Montchanain, etc. Cette couverture est légère, et en tenant compte de tout, elle est la plus économique, partout où elle se trouve à portée du bâtiment.

CHAPITRE IV

DISPOSITIONS D'ENSEMBLE D'UNE BERGERIE

I

Position du problème à résoudre.

322. Lorsqu'il s'agit d'appliquer les considérations précédentes à l'établissement d'une bergerie quelconque, le problème se pose ainsi : Établir un bâtiment capable de loger confortablement un nombre donné de moutons, en dépensant le moins possible et en satisfaisant à toutes les conditions reconnues nécessaires au bien-être des animaux et propres à faciliter leur affourragement et le recueil du fumier.

323. Nous savons actuellement quelle place est nécessaire à chaque mouton, quel sol convient à la bergerie, quelle crèche est préférable à tous les points de vue; et comment les portes, les fenêtres, les cheminées d'aération et les ventouses doivent être établies pour que les moutons puissent être tenus à l'abri du vent, de la pluie et du froid sans que leur vitalité en souffre.

324. Le second genre de conditions a trait à l'affourragement des animaux, c'est-à-dire à l'apport et à la distribution des aliments; fourrages, racines, paille, etc.

II

Comparaison entre les bergeries avec ou sans grenier.

325. Dans le plus grand nombre des fermes françaises, les logements des animaux sont surmontés d'un grenier dans lequel on emmagasine la quantité de foin nécessaire pour leur entretien pendant l'hiver. On trouve à cette disposition deux avantages : 1° une économie d'emplacement et de bâtiments, puisqu'on se dispense ainsi de faire un hangar pour y loger le foin ; 2° le foin peut être jeté du grenier dans la bergerie même

par un *abat-foin*, ou dans le salon de la bergerie,
pièce destinée à la préparation des rations. Un
troisième avantage peut, à la rigueur, être attribué aux greniers placés sur les logements d'animaux, c'est que le plancher et le foin empêchent
la déperdition de la chaleur propre des animaux ;
les logements sous greniers sont plus chauds en
hiver.

326. Nous ne pensons pas que le plus zélé par-
tisan des bergeries à grenier puisse signaler d'autres avantages. Suivant la méthode scientifique de
notre temps, nous n'osons plus dire positive, il
convient de mettre en regard de ces avantages les
inconvénients propres aux greniers, et non-seulement de compter les uns et les autres, mais de
les *peser* avant de les comparer.

327. Le premier inconvénient consiste dans la
difficulté de l'emmagasinage du foin, qu'il faut
élever à une moyenne de 4^m,5 de hauteur. Élever
un poids, c'est travailler.

328. En outre, l'emmagasinage ne peut se faire
qu'à la main en passant le foin par des fenêtres,
transbordements exigeant une main-d'œuvre d'autant plus coûteuse que la bergerie est plus pro-

fonde ou large : soit un transport horizontal de 4 à 5 mètres en moyenne pour une bergerie de 16 mètres de largeur.

329. Le foin ainsi emmagasiné est-il dans les meilleures conditions pour sa conservation ? Nous examinerons cette question en détail dans une autre partie de ce cours de constructions rurales; mais on peut dire immédiatement qu'il n'en peut être ainsi qu'avec un plancher tout à fait imperméable aux gaz, c'est-à-dire plein et étanche ; qu'en ce cas même, si les gaz et les vapeurs provenant de la respiration des animaux et de l'évaporation des déjections ne viennent pas infecter le foin et y déposer des germes de fermentation, au moins ils échauffent le plafond, et quelque lente que soit la transmission, le grenier, s'il n'est bien aéré, est chaud, le foin y devient cassant et poussiéreux.

330. Ne reconnaissons cependant comme inconvénient que la nécessité d'un plafonnage imperméable au gaz ; ce qui entraîne jusqu'à dire que tous les logements d'animaux surmontés d'un grenier devraient être *voûtés ;* dépense importante en tous cas.

331. Les murs d'un bâtiment doivent être d'an-

tant plus épais qu'ils sont plus élevés et ont plus de poids à supporter. En supposant une toiture pesant de 140 à 200 kilogrammes (compris chevrons, pannes et ferrures) par mètre carré de bergerie, si l'on y ajoute le poids du plancher et celui du foin qu'il peut porter, c'est un surcroît pour la charge des murs d'au moins 700 kilogrammes ou de 350 à 500 pour 100. Quelque exagérée que soit l'épaisseur des murs d'une bergerie sans grenier, ils ne pourraient supporter cet excédant de poids : la conséquence à tirer de cette observation, c'est que le grenier entraîne une surépaisseur considérable des murs et de leurs fondations, sans compter l'excédant de hauteur qu'ils doivent avoir.

532. La division des fourrages est devenue une des pratiques de l'agriculture moderne. On peut ainsi faire consommer plus de bon foin ou des foins médiocres, en les mélangeant à d'autres aliments, des racines, par exemple. Si cette bonne pratique est adoptée, les bergeries à grenier présentent un inconvénient tout particulier : c'est qu'après avoir eu la fatigue d'emmagasiner le fourrage à une hauteur moyenne d'au moins

$4^m,5$, il faut le jeter sur le sol et le *transporter* au hache-paille qui, pour la facilité de la transmission de la force motrice, doit être placé près de la batteuse, dans une annexe de la grange à battre. Ainsi, double transport nécessité par l'emmagasinage du foin dans les greniers placés sur les logements d'animaux.

333. Tant que la ferme est très-petite, que la main-d'œuvre n'y est pas habituellement salariée, c'est-à-dire se réduit pendant presque toute l'année à celle de la famille du cultivateur, les inconvénients que nous signalons sont à peine sensibles ; mais il n'en est plus de même dans les grandes fermes, et là il se produit avec les écuries, vacheries et bergeries à grenier un autre inconvénient qui, suivant nous, est de la plus grande importance, car c'est une des causes fréquentes d'insuccès dans toutes les grandes exploitations ; cet inconvénient, c'est le *coulage*. Comment régler un affourragement qui se fait en plusieurs points ? comment le diriger, le contrôler ?

334. Mettons en regard une ferme dont les logements d'animaux ne sont pas surmontés de grenier, et comparons aussi les avantages et

13.

les inconvénients résultant de cette disposition.

355. Les bâtiments destinés aux animaux peuvent être économiquement établis, puisque leurs murs ont de quatre à cinq fois moins de poids à supporter et qu'ils peuvent avoir notablement moins de hauteur et d'épaisseur.

356. L'éclairage et la ventilation peuvent se faire directement dans la toiture, ce qui économise des baies dans les murs et des cheminées spéciales d'aération, tout en permettant de prendre les profondeurs de bâtiment les plus propres à économiser les frais de construction.

357. Le foin doit être emmagasiné dans un bâtiment spécial; mais il est placé à portée du hache-paille, et, en tous cas, exige moins de travail manuel pour être emmagasiné. On fait entrer la voiture dans le fenil, et la hauteur moyenne à laquelle le foin est placé est moindre que dans le cas de grenier sur bergerie. En outre, le foin sous hangar est bien aéré et toujours en bon état.

358. Tous les fourrages partent du centre de l'usine, de la machinerie de préparation, de la chambre d'alimentation, sous la garde d'un magasinier spécial, sinon du fermier ou du régis-

seur. La répartition journalière est mieux faite.

339. Les inconvénients de la suppression des greniers sur les bergeries sont, en premier lieu, le surcroît d'emplacement qu'exigent les bâtiments d'une ferme : il faut des fenils spéciaux.

340. En second lieu, comme il faut plus de bâtiments, l'économie faite sur les logements d'animaux plus bas et moins coûteux peut ne pas compenser la dépense de fenils spéciaux; en somme, plus de frais de construction quand on ne met pas de grenier sur les écuries, vacheries et bergeries.

341. L'affourragement exige des transports à découvert, ce qui peut être gênant en hiver.

342. Enfin, les animaux sensibles au froid sont moins bien abrités quand leur logement n'est pas surmonté d'un grenier.

343. Nous avons cherché à mettre sous les yeux de nos lecteurs toutes les pièces de procès entre les deux genres de bergerie : qu'ils les examinent et surtout qu'ils les pèsent, et ils verront qu'en définitive l'avantage reste aux bergeries sans grenier pour toutes les fermes un peu importantes surtout.

III

Des plans de bergeries ordinaires

A. POSITION DU PROBLÈME.

344. Nous avons été conduit (n° 159) à adopter pour chaque tête ovine, en moyenne, une surface de $0^{mq},80$ et une place de $0^m,42$ au râtelier; soit, pour chaque animal, un rectangle de $0^m,42$ de large sur $1^m,905$ de long. Suivant les races, on pourra augmenter ou diminuer un peu ces chiffres; mais nous les prendrons, dans ce qui va suivre, comme base de calcul afin de fixer les idées autant que possible. De quelque manière qu'on puisse disposer les crèches et les portes, il faudra toujours, pour chaque mouton, la surface et la place indiquées.

345. Les moutons mangeant ensemble à la crèche forment des rangs. Une bergerie, quelle qu'elle soit, sera donc composée d'un ou plusieurs rangs de moutons; le problème à résoudre est actuellement de déterminer les positions relatives de râteliers et de portes qui permettent de perdre le moins de surface possible, en attribuant à chaque animal la place reconnue nécessaire.

B. BERGERIE A UN SEUL RANG.

346. On ne peut guère songer à faire un bâtiment spécial pour un seul rang de moutons, puisqu'il n'aurait que $1^m,905$ de profondeur dans œuvre et serait, par suite, très-coûteux en murs et accessoires de couverture, pour chaque mètre carré ou pour chaque mouton.

347. Mais on peut faire un appentis contre un mur existant, de clôture ou de bâtiment. La crèche simple sera placée contre le mur, et la façade sera percée d'une ou plusieurs portes, suivant la longueur totale. Pour 21 mètres de longueur intérieure, une porte suffit. On ne perd aucune place ; la sortie des animaux est facile, et on peut diviser le troupeau de 50 bêtes en deux catégories par une claie mise en travers. L'éclairage se fera par le toit à l'aide de cinq fenêtres en tabatières.

548. Si des conditions particulières exigent que les animaux sortent et entrent par les pignons, il faudra une porte à chaque bout ; on ne perdra pas de place ; il y aura seulement une dépense double en portes ; les fenêtres seront comme dans le cas précédent. En général, du reste, les fenêtres ne donnent lieu à aucune variante, surtout lorsqu'il n'y a pas de grenier.

C. BERGERIE A DEUX RANGS

549. Si la bergerie est de deux rangs, les deux crèches peuvent être simples et placées contre les murs. Il faudra deux portes, si les parcs attenants à la bergerie sont, comme on doit le rechercher, placés sur les deux faces. On perd alors trois places de mouton pour chaque porte, soit 6 places sur 100. Il ne faut pas songer, comme on le fait souvent, à placer des râteliers contre les murs de pignon ; car, en réalité, une très-faible partie seulement pourrait servir, et dans de mauvaises conditions, croyons-nous, pour les animaux qui ne seraient pas également bien placés. On peut divi-

ser par des claies le troupeau en deux, trois ou quatre catégories.

550. S'il est possible de faire les portes dans les pignons (une au milieu de chaque pignon), on ne perd aucune place, et l'on peut encore à la rigueur diviser le troupeau comme dans la précédente disposition. Il faut consulter la convenance des sorties par les pignons.

551. Au lieu de crèches simples placées contre les murs, on peut employer seulement une crèche double placée dans l'axe longitudinal du bâtiment. Si les sorties doivent se faire sur les deux façades du bâtiment, la crèche doit être interrompue au milieu pour le passage des bergers et des moutons; on perd donc encore six places; il est vrai toutefois que, dans l'intervalle, on pourrait placer une crèche double mobile facile à déplacer pour les passages. La division du troupeau en quatre catégories est, comme on le voit, très-facile.

552. Lorsque les sorties doivent se faire de préférence par les pignons, on perd le double de place si l'on ne fait qu'une porte au milieu de chaque pignon; mais on peut, avec une petite dé-

pense de plus, faire deux portes dans chaque pignon. On y gagne alors douze places, compensa-
tion plus que suffisante d'un débours d'environ
36 francs pour la différence entre le prix des portes et des murs qu'elles remplacent.

D. BERGERIE A QUATRE RANGS.

353. C'est, à proprement dire, deux bergeries à
deux rangs accolés. Ce que nous avons dit au
n° 547 s'applique donc ici : on perd douze places
pour deux cents moutons, et cette perte peut être
réduite à six, en plaçant au centre de la crèche
double une portion mobile de $1^m,26$ de largeur
comme les portes qui lui feraient face.

354. La deuxième disposition est formée de
deux bergeries à deux rangs (n° 548) accolés ; aucune perte de place. C'est une disposition très-re-
commandable toutes les fois qu'il y a des raisons
pour faire un bâtiment à un seul comble à deux
versants et que les sorties peuvent avoir lieu par
les pignons.

355. La troisième disposition est obtenue par

deux rangs de crèches doubles : perte de douze places, que l'on peut éviter complétement en mettant au milieu de chaque crèche la partie mobile dont il a déjà été parlé.

356. Si les sorties doivent avoir lieu par les pignons, on peut adopter une disposition rappelant deux bergeries de deux rangs à crèche double, accolées ; en faisant, à chaque bout des crèches, une portion mobile pour le passage des bergers, on ne perd aucune place.

E. BERGERIE A PLUS DE QUATRE RANGS.

357. Ainsi, l'on voit qu'en faisant les portes dans les pignons, pour un rang, pour deux avec crèches simples, pour quatre rangs avec deux crèches simples et une double centrale, on ne perd aucune place, et qu'il n'y a pas d'inconvénients sérieux. En faisant les portes sur les façades, pour un rang, on ne perd rien ; pour deux rangs, on perd six places sur cent ; pour quatre, on perd de six à douze places sur deux cents. Dans cette disposition des portes, l'adoption des crèches doubles

avec parties mobiles, évite toute perte sans entraîner de dépenses particulières notables. Telles
sont les dispositions que l'on peut recommander,
suivant les circonstances, pour les petites bergeries ayant de 50 à 200 moutons, par exemple.

558. Si les rangs devaient être beaucoup plus
longs que 21 mètres, les sorties par les pignons
deviendraient difficiles, et si on les fait dans les
murs de face, elles doivent être plus nombreuses.
Les dispositions précédentes (n°ˢ 549 et 551),
avec deux portes sur chaque façade, seront donc
les plus recommandables avec portions de crèches
mobiles, bien entendu ; à partir de 26 mètres de
long, il faut deux, et à 37ᵐ,80, il faut trois
portes.

559. Au delà de quatre rangs, nous croyons
qu'il ne convient plus de mettre les moutons en
rangs longitudinaux, mais bien en rangs transversaux ; on emploiera alors des crèches doubles placées transversalement ; une crèche simple contre
chaque pignon, s'il y a lieu, et une porte sur chaque face pour chaque *entre-deux-crèches*. On a
ainsi une très-grande latitude de division du troupeau. Les sorties et l'affourragement sont faciles.

Toutefois, il convient que les crèches soient mobiles pour faciliter l'enlèvement du fumier. La bergerie à grenier de Grignon est un modèle de ce genre.

IV

Des plans de bergeries à chemin de fer.

A. GÉNÉRALITÉS SUR LES TRANSPORTS.

360. Dans toutes les dispositions que nous venons d'examiner, l'apport de la nourriture et de la litière ainsi que l'enlèvement du fumier, se fait avec des brouettes et, pour le fumier seulement, avec un tombereau, si les portes ont été faites suffisamment larges, dans les modèles de un à quatre rangs inclusivement ; ou si, comme à Grignon, pour les bergeries à rangs transversaux, on a ménagé, dans chaque pignon, une porte charretière spéciale. Ce dernier système suppose des enlèvements périodiques de fumiers à des intervalles assez longs.

361. Il serait beaucoup plus convenable, pour

toutes les bergeries un peu importantes, surtout quand on s'est dispensé de les surmonter d'un grenier, de faire faire ces services d'une manière constante ; à l'aide de petits chemins de fer partant de la chambre générale d'alimentation sous la surveillance d'un magasinier, et aboutissant à la fosse à fumier.

B. BERGERIE A RANGS LONGITUDINAUX.

562. Que les râteliers soient fixes ou mobiles, le chemin de fer doit être placé entre deux crèches simples adossées. Ce passage de service, s'il ne doit servir qu'à l'homme qui pousse le *wagonnet*, doit être réduit le plus possible. Avec des crèches formées d'une auge et d'un râtelier par dessus, il faut un couloir pouvant laisser passer le véhicule, soit au moins 1 mètre, et pour un bon service $1^m,25$. C'est une augmentation notable de la place consacrée à chaque mouton : on l'accroît en effet de $0^m,5$ à $0^m,625$ sur $1^m,90$, soit de 26,84 à 33 pour 100.

563. On peut éviter à la rigueur cette perte avec

des crèches fixes en faisant les caisses de wagons assez élevées pour passer par-dessus le haut des râteliers, soit à 1 mètre de hauteur au moins. Dans ce cas, le passage peut être réduit à $0^m,40$; on ne perd plus ainsi que $10,5$ pour 100 ; mais la charge des wagons étant fort élevée au-dessus des rails, il faut, pour que ces véhicules soient stables, qu'ils aient une large voie, ce qui rend difficile l'adoption de courbes à petits rayons, si nécessaires dans les chemins de fer de fermes. L'avantage obtenu est donc compensé en grande partie par un inconvénient grave.

364. En adoptant les crèches-fourrières telles que celles que nous avons imaginées, et dont une disposition est représentée par les figures 98 et 99, on évite le mieux possible tout inconvénient et on peut réduire le sentier que suit l'homme à $0^m,25$ à la rigueur, si l'on veut se contenter de wagons étroits, et à $0^m,40$, si l'on veut donner plus de largeur à ces véhicules. L'accroissement d'espace est alors réduit à $6,6$ et $10,52$ pour 100, ce qui est largement compensé par l'avantage de verser directement dans les auges toute espèce de nourriture.

365. Lorsque les crèches sont mobiles, on charge le fumier sur le wagon, après avoir repoussé une des crèches, pendant le temps nécessaire pour enlever le fumier sur la largeur même qu'occupait cette crèche.

C. BERGERIE A RANGS TRANSVERSAUX.

366. Si les crèches sont fixes, il faut que la plate-forme du truc ou wagon à fumier dépasse le sommet du râtelier pour qu'on n'y jette pas de fumier. Cette observation s'applique aussi aux fourrières.

367. On pourrait avoir autant de chemins de fer transversaux qu'il y aurait de doubles rangs de moutons, et ils seraient établis comme nous venons de le dire. Tous ces chemins seraient reliés par des courbes à un chemin de fer longitudinal, allant d'un côté à la chambre de préparation des aliments et du rationnement, et d'autre part à la fosse à fumier. Cette disposition rend coûteux le chemin de fer; et le service est un peu gêné par

les croisements et les changements de voie. Cependant, elle peut être adoptée.

568. Toutes les fois que le service des aliments et du fumier se fait par le chemin de fer, il faut que ce chemin puisse être interdit aux moutons par des claies tournantes et qu'une espèce de pont mobile leur permette de le traverser lorsqu'on les fait sortir. Notre disposition de fourrière à barreaux de fer se prête le mieux possible à ces dispositions accessoires, que nous décrirons plus loin.

CHAPITRE V

I

Observations générales.

569. Nous n'avons pas la prétention d'indiquer ici le prix de revient absolu d'une bergerie; ce prix change tellement suivant les lieux que, d'un village au village voisin, il peut y avoir des différences très-importantes.

Tout ce qu'il est permis de dire d'une manière générale, c'est qu'en chaque situation il faut adopter les matériaux de construction de la localité même, et, autant que possible, les ouvriers du pays.

570. Si l'on traite à forfait pour la construction d'une bergerie dont le plan est donné, il faut

soigneusement détailler tous les dessins, et en outre indiquer par écrit *tous les travaux* à exécuter, les *matériaux* à fournir, comme provenance, qualités; les *dimensions* réelles, les *proportions* de mortier, etc. Si l'architecte laisse la moindre latitude dans les désignations et les dimensions, s'il oublie quelques travaux, on peut être entraîné à des dépenses dépassant le chiffre fixé et des contestations peuvent s'ensuivre. En outre, il faut une surveillance éclairée et constante.

371. Si l'on fait faire la construction, sur *série de prix*, celle-ci doit être accompagnée de sousdétails et d'un cahier de charges énumérant bien tous les matériaux, leur provenance, etc.

372. Si, d'une part, l'architecte et l'ingénieur agricole doivent éviter soigneusement tout oubli dans l'indication des travaux nécessaires d'après leur première évaluation; d'autre part le propriétaire qui fait bâtir doit éviter tout changement pendant la construction, soit de forme, soit de dimensions, soit de matériaux; car il en résulte toujours des discussions fâcheuses pour tous.

373. Tout ce qu'il nous est possible d'indiquer

14

ici, ce sont les causes qui, en une situation donnée, augmentent ou diminuent le prix de revient
absolu d'une bergerie, prix rapporté à un *mouton*,
ou, ce qui revient au même, *au mètre carré*. Suivant les dispositions d'ensemble d'un bâtiment,
en employant les mêmes matériaux et payant le
tout au même prix, le prix de revient par mètre
carré ou par mouton peut varier beaucoup.

374. Parmi les éléments du prix de revient
d'un bâtiment, il en est de fixes, quelle que soit
la disposition adoptée, et d'autres qui varient avec
cette disposition.

375. Ainsi, dans une bergerie, la dépense par
mouton, pour le plancher, la crèche, le plafond,
si l'on en fait, la couverture proprement dite, est
invariable, que l'on dispose comme on le voudra
la bergerie dans les limites du bon emploi des
matériaux, tandis que la dépense pour les murs,
les accessoires de couverture, varient avec la disposition d'ensemble adoptée.

Si la bergerie est couverte par un comble
unique ou d'une seule portée, les murs doivent, à
égalité de hauteur, être d'autant plus épais que la
profondeur du bâtiment est plus grande.

576. S'ils sont faits en moellons, leur épaisseur ne peut être au-dessous de 35 centimètres, et elle suffit et au delà pour une bergerie de 4 mètres de portée ou de deux rangs. Pour 8 mètres, les murs doivent avoir $0^m,45$ d'épaisseur, et pour 12 mètres, $0^m,50$; au delà, il convient d'employer des combles à plusieurs portées.

377. Si, pour un même nombre de moutons, 360 par exemple, nous voulons comparer, sous le rapport du prix des murs par mouton, les dispositions dans lesquelles la bergerie aura 4, 8 ou 12 mètres de portée, voici ce que nous trouvons :

Portée de 4 mètres ou 2 rangs. — $75^m,6$ de long. Cube des murs par mètre de hauteur :

$$(75,6 + 2 \times 0,35) \times (3,81 + 2 \times 0,35) - (75,6 \times 5,81) = 56^{mc},077.$$

Portée de 8 mètres ou 4 rangs. — $57^m,8$ de long. Cube des murs, par mètre de hauteur :

$$(37,8 + 2 \times 0,45) \times (7,62 + 2 \times 0,45) - (57,8 \times 7,62) = 44^{mc},688.$$

Portée de 12 mètres ou 6 rangs. — 25^m,20 de long. Cube des murs, par mètre de hauteur :

$$(25,2 + 2 \times 0,50) \times (11,43 + 2 \times 0,50)$$
$$- (25,2 \times 11,45) = 37^{mc},63.$$

Ainsi, par mouton, le cube des murs varie de 0^{mc},1572 à 0^{mc},1045, et le prix de ces murs est en outre d'autant plus élevé par mètre cube qu'il y en a un plus grand cube par mouton; il y a donc un grand intérêt à faire une bergerie à plan carré, puisqu'on a ainsi le minimum de cube de mur par mouton.

578. Toutefois au delà de 12 mètres de portée, pour un seul comble, il se présente des difficultés d'exécution que l'on surmonte aisément dans les villes, mais très-difficilement dans les campagnes; nous croyons donc qu'il convient alors de se limiter à des bergeries à 4 ou 6 rangs, d'autant plus que la différence entre le volume par tête de mouton, lorsqu'on n'a pas une très-grande largeur, devient de moins en moins importante.

579. Lorsque l'on adopte des combles à deux

versants, accouplés, sans faire de grenier, on peut prendre une profondeur de bâtiment égale à la longueur. On a alors le moindre cube de maçonnerie par tête de mouton; mais, en revanche, les accessoires de couverture augmentent un peu, comme nous allons le voir.

380. L'inclinaison à donner aux versants d'un comble dépend des matériaux qui le recouvrent et du climat. Ces conditions restant invariables, il y a, par mouton, la même surface de couverture, que le toit soit à un, deux ou plusieurs pans; mais il est des accessoires de la couverture qui sont d'autant plus coûteux par mètre carré de bâtiment, que les versants sont plus multipliés. On a de nombreux faîtages et de nombreux chéneaux qui sont assez coûteux.

381. Si nous appelons L la longueur du bâtiment et l sa largeur, k le rapport entre L et l, de sorte que l'on ait $L = kl$; que, d'autre part, nous admettions que le mètre courant de chéneau coûte deux fois plus que le mètre courant d'égout ou de faîtage, nous aurons pour exprimer le développement ou plutôt le prix des accessoires de couverture pour un seul comble : $L (2 + 1)$;

14.

pour n combles accouplés : $nl(2 + 1)$; pour
que le prix des accessoires soit le même, il faut
donc que 5L ou $5kl = 5nl$, donc $n = k$, c'est-
à-dire que si la longueur est double de la largeur, il ne faut faire que deux combles ; si elle
est triple, trois combles ; si quadruple, quatre
combles, et ainsi de suite, tandis que le minimum
de cube de maçonnerie par mouton exige que la
longueur de bâtiment ne dépasse pas la largeur.
Les deux conditions sont donc contradictoires.

382. Pour apprécier leur valeur relative, il
faut prendre un prix de revient réel du mètre
carré de bergerie, tout compris, et voir quelle
importance comparée ont l'économie du mur et
celle des chéneaux et faîtage.

En prenant les prix des environs de Paris,
nous trouvons les chiffres suivants :

Toit à 45° de pente.

	45° de pente	à 26°54'	
Couverture pleine en tuiles ou ardoises.	4mq,156 à 4 fr.	4 fr. 544 par mouton.	0mq,90 à 4 fr. = 5 fr. 60
Comble simple : égouts (pour 20 mètres de large et 40 mètres de long)	0m,120 à 1 fr. 50	0 fr. 180	0 fr. 18
Comble décuple : égouts (pour 20 mètres de large et 40 mètres de long)			
Foundation.	0m,600 à 1 fr. 50	0 fr. 90	0 fr. 90
	0m,024 à 1 fr. 50	0 fr. 056	0 fr. 056
Murs (pour toits multiples).	0m,144 à 10 fr.	1 fr. 44	1 fr. 44
— (pour comble unique)	0m,216 à 9 fr. 20	1 fr. 98	1 fr. 98
Charpente.		4 fr. 52	4 fr. 52
Plancher de grenier.		4 fr. 50	4 fr. 50
Portes, fenêtres.		1 fr. 45	1 fr. 45

Soit pour les dépenses fixes, la longueur double de la largeur.

	Comble unique à 45°	à 26°
Fondation.	0 fr. 056	0 fr. 560
Murs.	2 fr. 160	2 fr. 160
Charpente.	4 fr. 520	3 fr. 800
Couverture. (Pour un comble unique)	4 fr. 544	3 fr. 600
Accessoires de couvertures.	0 fr. 180	0 fr. 180
Portes et fenêtres.	1 fr. 450	1 fr. 450
Total.	12 fr. 690	11 fr. 226

Pour dix combles accolés, murs et accessoires de couverture différents, le reste semblable . . . . 12 fr. 690 . . . . 11 fr. 226

Si la longueur égale la largeur, les frais de murs seront 2 fr. 88 (comble unique) et 1 fr. 92 (comble décuple).

Comble unique, total.	13 fr. 44	12 fr. 466
Comble décuple	13 fr. 17	12 fr. 226

585. Ainsi, le prix de la bergerie par mouton reste sensiblement le même ou un peu au-dessous, avec des toits multiples qu'avec un comble unique, même en supposant des cas aussi dissemblables. Ce que l'on perd en accessoires de couverture avec des combles multiples se regagne en économie de maçonnerie, puisque les murs d'enceinte ayant peu de charge peuvent être moins épais. Le prix de revient par mouton est du reste, comme on le voit, d'autant plus petit que la bergerie est plus grande.

On peut donc avancer que dès que la largeur d'une bergerie est grande, le prix de revient par tête de mouton n'est pas plus élevé si le comble est à plusieurs pans que s'il est seulement à deux versants. Il reste à examiner les autres avantages et inconvénients de ces modes de couverture.

584. Les combles à pans multiples ont pour avantages : de n'exiger que des charpentes à petits bois, peu coûteux, faciles à poser, puisqu'en moyenne il sont placés à une moindre hauteur; — de permettre de n'employer que le minimum de développement de murs, en prenant à peu près la largeur du bâtiment égale à sa longueur;

enfin, de rendre l'éclairage et la ventilation très-convenables, faciles et peu coûteux.

385. Les inconvénients sont : la multiplicité des faîtages et des chéneaux, qui augmente le prix pour des bergeries étroites, et fait craindre des fuites dans le bas de la couverture et la possibilité d'amas de neige entre les combles.

386. L'inconvénient principal, la crainte de fuite des chéneaux, par la pluie et les amas de neige, est sérieux dans les pays du Nord, où la neige est abondante et persistante; il sera du reste d'autant moindre que les chéneaux seront mieux faits.

387. Si la bergerie est avec grenier, aux prix approximatifs indiqués ci-dessus, il faudrait ajouter pour le surcroît d'épaisseur et de hauteur des murs, et le prix des plancher et plafond, environ 5 fr. 70 par mouton, ce qui ferait par mouton, pour comble unique, sans grenier, à 45°, 12 fr. 69 ; à 26°, 11 fr. 226 ; et avec grenier, 18 fr. 39 et 16 fr. 96. — *Id.* à 45°, 13 fr. 41 ; à 26°, 12 fr. 466 ; et avec grenier, 19 fr. 11 et 18 fr. 166.

CHAPITRE VI

MODÈLES DE BERGERIES

I

Observations.

388. Dans ce dernier chapitre, nous avons à appliquer les considérations précédentes et à les justifier, en donnant comme modèles les plans détaillés des bonnes bergeries. La tâche serait fort simple s'il n'y avait qu'à reproduire des bergeries existantes. Malheureusement, il en est très-peu que l'on puisse recommander aux agriculteurs, soit comme bonne disposition, soit comme détails d'exécution.

389. Aussi, au lieu de faire un ramassis de mauvaises et inintelligentes constructions de bergeries, nous nous bornons à décrire l'ancienne

bergerie de Grignon comme un des bons modèles de bergerie à grenier, en la faisant précéder de divers projets qui nous sont propres. Ce n'est pas par vanité : notre travail eût été beaucoup sim-plifié si nous avions pu nous contenter de repro-duire des bâtiments existants. Nous ne voulons pas répandre de mauvais exemples. Nous aimons mieux nous borner à ce qui nous semble bon, que de grossir au moins inutilement ce livre.

II

Modèle de bergerie longitudinale de deux rangs.

A BERGERIE EN BRIQUES ET TUILES BOULET OU DE MONTCHANAIN, ETC.

590. Nous supposons que les matériaux dont on dispose sont la brique et les tuiles à recou-vrement dites tuiles Boulet, ou analogues, per-mettant de faire des toits à faible pente. La ber-gerie est faite pour cent moutons de moyenne taille.

Le plan (fig. 153) montre en A les fourrières,

Le grillage en fer est du côté des moutons qui

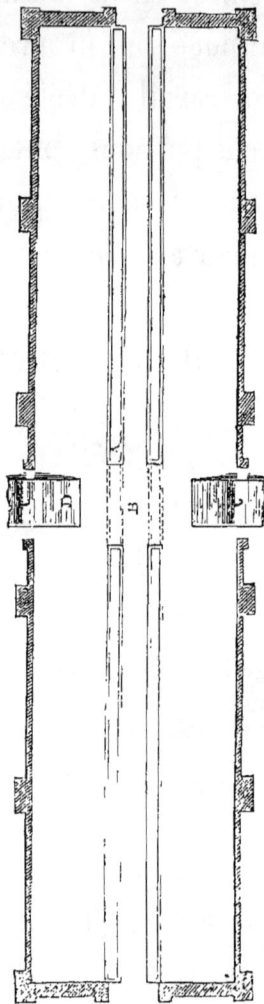

Fig. 155. — Plan d'une bergerie modèle à rangs longitudinaux.

passent leur tête au travers pour manger dans les auges. En B, vis-à-vis les portes de sortie des moutons, il y a des auges fixes ; mais le grillage est mobile et forme barrière. On le range perpendiculairement à la longueur des auges pour laisser le passage libre vers l'une ou l'autre des portes C. Les portes des pignons serviront exclusivement au passage des wagons qui roulent sur les rails placés entre les auges.

Les murs de face n'ont que $0^m,11$ ou une demi-brique d'épaisseur, sauf sous les fermes, où ils ont $0^m,33$, sur une largeur de $0^m,55$; les murs de pignon doivent avoir $0^m,22$.

Les moutons, qu'ils sortent ou qu'ils rentrent, ne peuvent atteindre les baies des portes qu'en passant sur de petits plans inclinés D, D.

391. L'élévation de la bergerie (fig. 134) montre la porte, plus large que le plan incliné, pour empêcher que les moutons ne se blessent contre les parois, et les châssis à tabatières du système *Curé*, ou autre, pour l'éclairage et la ventilation. La base des murs sera, autant que possible, faite d'une assise ou deux de pierre dure du pays ; par-dessus on ménage de petites barbacanes dans le mur en briques, pour l'entrée de l'air neuf; ou bien on forme une ou deux assises avec des bri-

ques creuses alternant avec des briques ordinaires
et présentant leurs trous sur les parements.

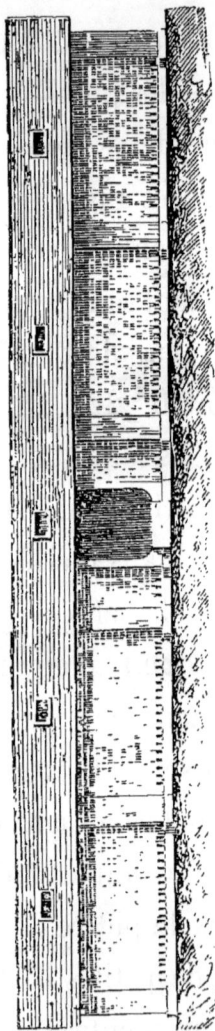

Fig. 154. — Vue en élévation de la bergerie modèle à rangs longitudinaux pour cent moutons

392. La figure 155 est la coupe transversale du

bâtiment. Chaque ferme de charpente est formée
d'un entrait reposant sur les murs, de deux arbalétriers assemblés, d'une part, dans l'entrait à
tenon et mortaise à double embrèvement, et,
d'autre part, dans le poinçon G, qui est assemblé
lui-même dans l'entrait par un tenon. Un étrier en
fer qui passe sous l'entrait et embrasse le poinçon,
auquel il est boulonné, soutient l'entrait et l'empêche de ployer.

Fig. 155. — Coupe transversale de la bergerie modèle à deux rangs
longitudinaux.

Sur les poinçons, est assemblée à tenon une
pièce horizontale, appelée *faîte;* sur les arbalétriers, les pannes, supportés par de petites pièces
de bois appelées échantignoles ; enfin, sur les entraits, deux pièces plates peu épaisses, appelées sa-
blières ; les chevrons sont cloués, à l'aide de longues chevilles en fer, sur le faîte, la panne et la

sablière de chaque versant du comble. Ces chevrons sont placés à 0^m,40 ou 0^m,45 l'un de l'autre (d'axe en axe); ils ont de 7 à 8 centimètres d'équarrissage. Les rails du chemin de fer sont placés entre les deux auges.

593. La figure 156 est la vue enélévation d'un des pignons : elle montre la porte de service.

Fig. 156. — Vue en élévation du pignon de la bergerie modèle, en briques, à deux rangs longitudinaux.

594. Les quatre figures 153 à 156 inclusivement sont à l'échelle de 5 millimètres par mètre; la longueur totale du bâtiment, dans œuvre, est de 21 mètres; sa largeur, de 4^m,50; la hauteur, jusqu'aux égouts du toit, de 2^m,22, et, jusqu'au faîte de 3^m,67.

595. La figure 157 est une perspective de cette bergerie de cent moutons; elle ne nécessite au-

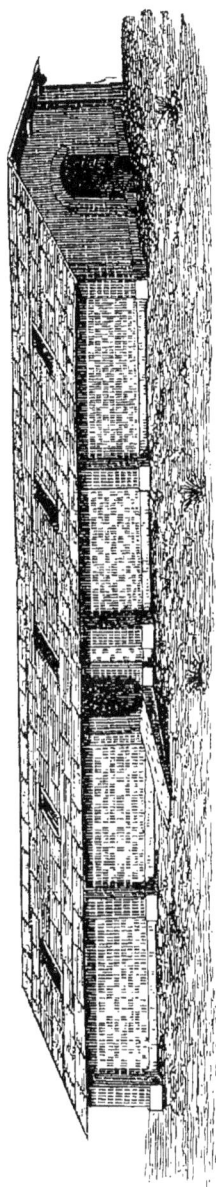

Fig. 157. — Vue perspective de la bergerie modèle de cent moutons à deux rangs longitudinaux.

cune explication, étant à très-peu près à la même échelle que les précédentes.

396. La bergerie représentée par les figures 138, 139, 140, 141 et 142, est faite suivant les mêmes principes et pour le même nombre de moutons que la précédente. Seulement, les matériaux employés sont le moellon, pour les murs, et la tuile plate ordinaire, pour la couverture.

397. Le plan figure 138 montre les quatre murs

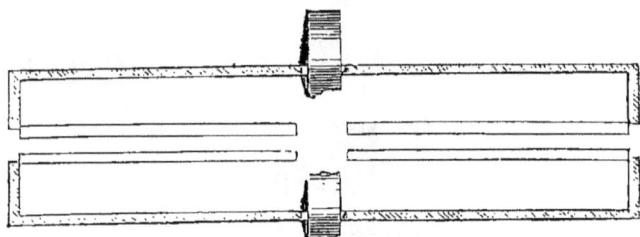

Fig. 158. — Plan de la bergerie modèle à deux rangs longitudinaux, en pierres et tuiles plates.

d'une épaisseur uniforme de 55 centimètres, et les auges à fourrières ainsi que les portes à plans inclinés disposés comme dans le modèle précédent.

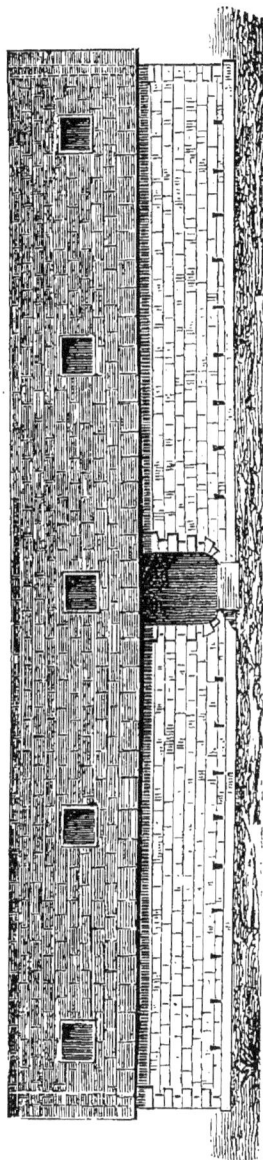

Fig. 159. — Vue en élévation de la façade de la bergerie pour cent moutons, à deux rangs longitudinaux (pierres et tuiles plates).

398. La figure 139 représente l'élévation : les égouts du toit sont à la même hauteur, soit $2^m,22$; mais la pente du comble est ici de 45°, ce qui lui donne une hauteur de $2^m,93$.

La porte et les châssis vitrés sont disposés comme dans l'exemple précédent.

Les barbacanes ou ventouses sont ici moins nombreuses, mais un peu plus grandes.

399. La figure 140 est la coupe transversale mon-

Fig. 140. — Coupe transversale de la bergerie modèle pour cent moutons en deux rangs longitudinaux (pierres et tuiles ordinaires).

trant une des fermes du comble. Cette ferme est composée de deux madriers formant arbalétriers assemblés, dans le haut, à mi-bois l'un dans l'autre ; deux autres madriers moins épais ou de fortes planches, formant une fausse croix de *Saint-André*, sont boulonnées entre elles et sur les arbalétriers ; pour que ces assemblages soient bons, il faut que les pièces qui se croisent soient légèrement entaillées pour s'encastrer l'une dans l'autre ; les boulons qui les serrent l'une contre l'autre fatiguent moins ainsi.

Le haut des arbalétriers sert d'appui, en forme de fourche, à un faîte placé diagonalement. Une panne et une sablière sur chaque versant servent, avec le faîte, de supports pour les chevrons.

Ce système de ferme de charpente est de facile exécution, puisqu'il n'y a que des encastrements à tiers ou quart bois à faire, et des trous de boulons à percer. Il convient que le bout des arbalétriers repose sur une planche, ou madrier, de 50 centimètres de long, placée dans le mur.

Fig. 141. — Vue en élévation du pignon de la même bergerie.

400. La figure 141 est la vue en élévation d'un

15.

des pignons. On voit que la porte de service est surmontée d'un simple linteau en bois.

401. Enfin, la figure 142 résume les précédentes : elle représente toute la bergerie, vue en perspective. Longueur totale dans œuvre, 21 mètres ; hauteur totale, $5^m,15$.

402. Il est facile d'étendre les modèles précédents de quelques travées, suivant le nombre de moutons ; tout restant de même, d'ailleurs. Voici ce que nous conseillons :

1° Bergerie à 2 rangs, de 6 travées : deux portes sur chaque façade, à $12^m,6$ l'une de l'autre d'axe en axe ; longueur totale dans œuvre, $25^m,20$; elle suffira pour 120 moutons.

2° Bergerie de neuf travées de $4^m,20$, avec trois portes sur chaque façade, distantes l'une de l'autre de $12^m,6$ d'axe en axe ; longueur totale, $57^m,80$; — pour 180 moutons.

3° Bergerie de dix travées : Deux portes seulement sur chaque façade : longueur totale, 42 mètres dans œuvre ; c'est le premier modèle répété deux fois, exactement, en longueur.

Fig. 142. — Vue perspective de la bergerie modèle pour cent moutons à deux rangs longitudinaux (pierres et tuiles ordinaires).

III

Bergerie longitudinale à quatre rangs.

A. BERGERIE EN PIERRE ET TUILES BOULET POUR 240 MOUTONS.

405. Le plan figure 145 indique la disposition de ce genre de bergerie : les moutons sont placés

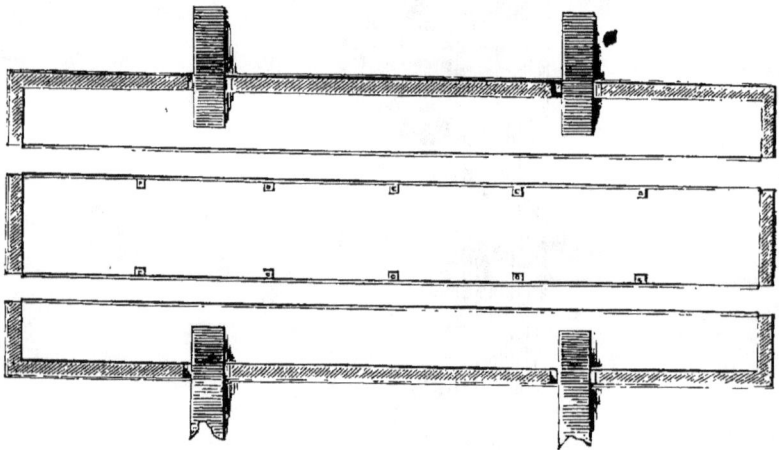

Fig. 145. — Plan de la bergerie modèle à quatre rangs longitudinaux, en pierres et tuiles, et faite pour 240 moutons.

tête à tête contre les deux couloirs à fourrières. Comme dans le système précédent, les claies

placées en face des portes sont mobiles, et les auges
peuvent être recouvertes pendant l'entrée ou la

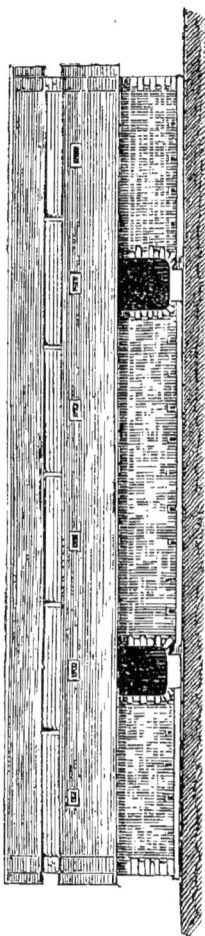

Fig. 144. — Élévation de la bergerie à quatre rangs longitudinaux.

sortie des animaux par une espèce de pont en
planches.

La longueur totale dans œuvre est de 25^m,20 et la largeur de 9 mètres ; surface suffisante pour 240 moutons.

404. La figure 144 représente l'élévation latérale : on voit que le toit est à deux étages ; entre lesquels se trouve une paroi verticale fermée par des persiennes, fixes ou mobiles, pour la sortie de l'air vicié.

Le toit inférieur est percé de six baies pour autant de châssis à tabatières. Les châssis servent surtout à l'éclairage et complètent la ventilation, avec les intervalles restant entre les persiennes.

405. La coupe transversale (fig. 145) repré-

Fig. 145. — Coupe transversale de la bergerie modèle à quatre rangs longitudinaux, pour 240 moutons (pierres et tuiles Boulet).

sente une charpente reposant sur poteaux pour le toit supérieur. Chaque ferme, de 5^m,50 de portée, se compose de deux arbalétriers assemblés, du

haut, contre le poinçon et, du bas, dans les poteaux ; un entrait en deux pièces formant moises
embrasse en même temps le poinçon, les arbalétriers et les poteaux.

Les bas côtés de la bergerie ont pour ferme un
arbalétrier assemblé, du haut, dans le poteau et,
du bas, embrassé par un entrait moisé qui s'assemble aussi sur le poteau.

L'ensemble de la charpente n'exige donc, malgré la grande largeur du bâtiment, que des bois de
petite longueur et grosseur. Seuls, les poteaux
doivent avoir $4^m,50$ de hauteur.

Fig. 146. — Vue, en élévation, du pignon de la bergerie
précédente à quatre rangs.

Ce système de charpente de comble peut être
adopté pour les tuiles à recouvrement, le papier
goudronné, ou autre, et à la rigueur pour de

bonnes ardoises, en augmentant un peu la pente.

406. La figure 146 montre l'un des pignons en élévation ; on voit les deux portes de service percées au bout des couloirs qui règnent entre chaque paire de fourrières. Enfin, toutes ces figures sont résumées par la perspective de l'ensemble du bâtiment (fig. 147).

B. BERGERIES DIVERSES A QUATRE RANGS LONGITUDINAUX.

407. On peut faire suivant ce système à quatre rangs :

1° Une bergerie de 5 travées seulement, avec une seule porte sur chaque face. Elle aurait 21 mètres de longueur dans œuvre et logerait 200 moutons.

2° Une bergerie de 9 travées, avec 5 portes sur chaque face, pour 560 moutons.

4° Une bergerie de 10 travées, avec 2 portes seulement, sur chaque face, pouvant loger 400 moutons.

4° Enfin, une bergerie de 12 travées, qui serait exactement formée de deux bergeries de 6 travées (fig. 147) placées à la suite l'une de l'autre ; elle contiendrait 480 moutons.

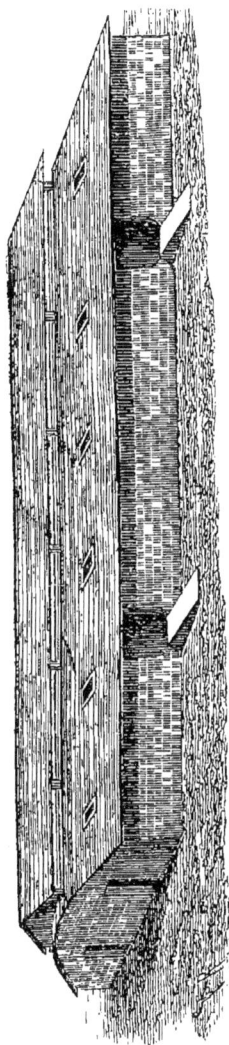

Fig. 147. — Vue perspective de la bergerie modèle à quatre rangs longitudinaux pour 240 moutons (pierres et tuiles Boulet).

Les bergeries de la ferme impériale de Vin-

cennes, construite sur les plans de M. E. Tisse-
rand, directeur des établissements de la couronne, n'ont pas de grenier. Leur façade, fig. 148,
est élégante quoique simple : des pavillons ventilateurs assurent le renouvellement de l'air intérieur.

Fig. 148. — Façade de la bergerie de la ferme impériale de Vincennes.

IV

Bergeries à rangs longitudinaux et à grenier.

408. Si des raisons particulières forcent à faire
un grenier sur la bergerie, on peut prendre une
des dispositions précédentes, à la condition d'augmenter la hauteur des murs de 1m,25 environ, et
leur épaisseur d'un tiers ou d'un quart.

En outre, il faut sur les façades autant de man-
sardes que de portes, ou à peu près, pour charger

les foins dans le grenier, ou bien le toit avance de 2 mètres et est assez élevé pour que les voitures puissent passer en dessous ; le foin est alors emmagasiné par de larges baies à volets percés dans le haut des murs, à toutes les travées. Cette disposition a l'inconvénient de ne pas permettre d'adopter les plans inclinés pour les portes.

Enfin, si la bergerie n'est pas trop longue, le foin peut être rentré par les pignons seulement ; un petit chemin de fer dans l'axe du grenier peut être employé pour transporter le foin sur un petit wagon à plate-forme ou truc.

409. Toutes les fois que les bergeries ont des greniers, il convient qu'une travée centrale soit réservée pour l'entrepôt des fourrages, la préparation des rations, etc. Cette travée, appelée quelquefois *salon*, peut contenir un coupe-racines, un hache-paille et un concasseur de tourteaux. Enfin, on peut y placer des lits en *soupente* pour les bergers.

Comme assez bon exemple d'une bergerie à grenier, nous donnons (fig. 149 et 150) l'élévation et la coupe de la bergerie de M. Malingié. C'est à proprement dire un large hangar fermé à

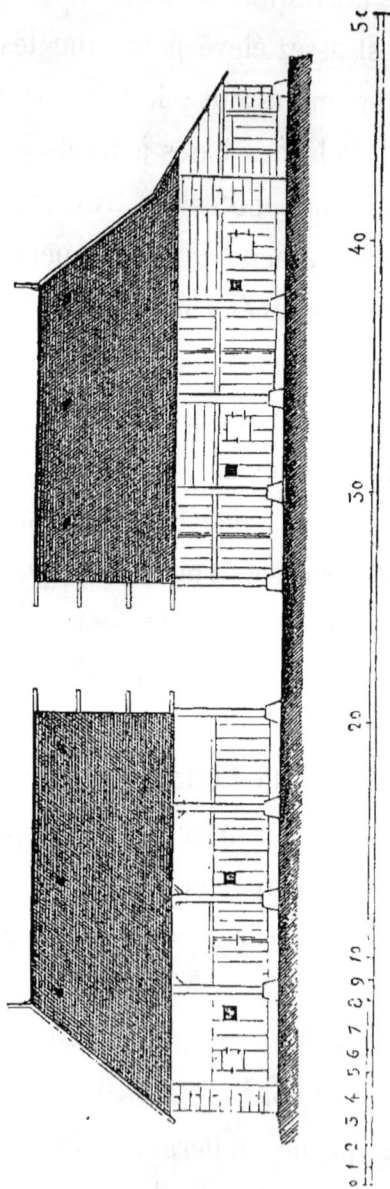

Fig. 149. — Vue de la bergerie de M. Malingié.

chaque extrémité par un mur. Les deux longs côtés sont seulement garnis de planches jusqu'à la hauteur du grenier (gauche de la fig. 149). On peut, comme le montre le reste de la même figure, garnir aussi de planches le reste de la hauteur. Les portes ordinaires sont coupées en deux dans la hauteur, la partie supérieure pouvant s'ouvrir seule pour donner de l'air.

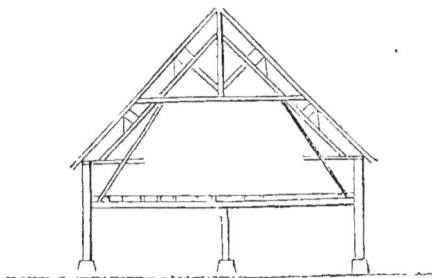

Fig. 150. — Coupe transversale de la bergerie à grenier de M. Malingié.

La figure 150 représente la coupe transversale de cette bergerie : la poutre assemblée dans les poteaux extrêmes repose sur un poteau intermédiaire et sert d'entrait. La ferme se compose de deux jambes de force s'appuyant sur cette poutre et soutenant les arbalétriers auxquels elles sont en outre reliées par de petites pièces horizontales appelées *blochets*. Un entrait retroussé, moisé, embrasse le poinçon qui porte deux contre-fiches soutenant le haut des arbalétriers.

V

Bergeries à rangs transversaux.

A. BERGERIE A UN SEUL COMBLE.

410. On peut donner comme modèle de ce genre de bergerie celle qui a été construite à Grignon vers 1829, sur les dessins de M. Polonceau. Elle est représentée telle qu'elle est actuellement, après avoir été achevée sous la direction de M. F. Bella.

Comme le montre le plan (fig. 151), elle est composée de 17 travées de 4 mètres chacune ; la largeur, est de 15,8 mètres dans œuvre. Deux rangs de poteaux divisent la portée des poutres en trois parties égales.

Les râteliers sont doubles, sauf ceux placés

contre les pignons, et ils servent aussi de séparation naturelle entre chaque double rang de mou-

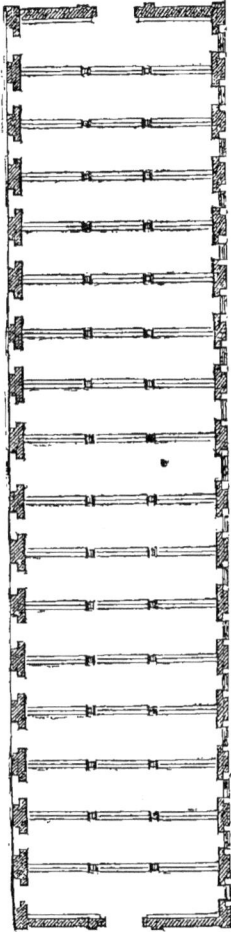

Fig. 151. — Plan de la bergerie de Grignon (en 1868).

tons ; chaque travée peut contenir 80 moutons,
en moyenne, ou 50 brebis mères seulement.

La travée centrale est le salon pour l'entrepôt des fourrages, la préparation de la nourriture et le logement des bergers.

411. La figure 152 montre la façade en élévation. On voit que la travée centrale est percée d'une porte charretière et que chacune des autres travées a sa porte particulière pour la sortie et l'entrée des moutons. Les accidents sont évités par l'élargissement des portes, précédées d'ailleurs de petits plans inclinés ou au moins d'un seuil un peu élevé.

Les murs sont en moellons, sans crépissage jusqu'à $1^m,60$ environ au-dessus du sol ; le reste de la hauteur est en pans de bois hourdés en torchis ; à l'exception toutefois des piliers, sous les fermes, qui s'élèvent en maçonnerie jusqu'au comble sur une largeur de 1 mètre. Les portes à deux battants, jusqu'à hauteur de $1^m,20$ au-dessus du seuil, sont surmontées d'un volet ; elles ont été décrites précédemment.

Le toit a une inclinaison d'environ 26°, ou 1 de pente pour $1^m,875$ de base ; il est couvert, dans la partie la plus ancienne, en zinc et, dans les parties les plus récentes, en ardoises.

412. La figure 153 représente la coupe transversale de cette bergerie. On voit que le système de

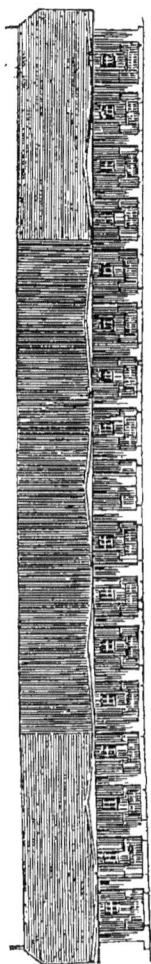

Fig. 152. — Élévation de la bergerie de Grignon (en 1868).

ferme employé pour soutenir le comble est simple,
mais exige des bois assez longs. Les entraits et les

16

arbalétriers peuvent, il est vrai, être faits chacun
de deux pièces assemblées l'une au bout de l'autre
par une enture. Le seul avantage que présente ce

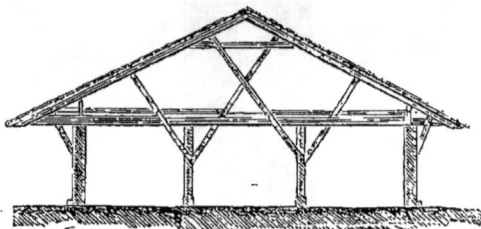

Fig. 155. — Coupe transversale de la bergerie de Grignon.

genre de ferme, c'est d'exiger peu de façon d'assemblage. Les poteaux à section carrée brute soutiennent l'entrait, formant poutre, et fait de trois
morceaux assemblés, au-dessus des poteaux, à *trait
de Jupiter simple ;* les arbalétriers, formés par
paire d'une longue pièce de bois non équarrie et
refendue en deux, ont conservé leur courbure naturelle : l'un d'eux passe à droite de l'entrait,
l'autre à gauche, et l'assemblage est à quart
bois et boulonné. Une jambe de force supporte
chaque arbalétrier à l'aplomb du mur ; de chaque
poteau, et un peu au-dessous de l'entrait, partent
deux contre-fiches en bois refendu allant jus-

qu'aux arbalétriers : l'une passe à droite du
poteau, l'autre à gauche ; l'assemblage est à boulon, avec encastrement à quart bois ; les deux
contre-fiches centrales forment une *croix de Saint-*
André et sont boulonnées l'une à l'autre. Enfin,
la partie saillante de chaque arbalétrier est supportée en dehors par une contre-fiche scellée dans
le pilastre. Un second entrait empêche tout mouvement d'écartement des arbalétriers.

Cette espèce de ferme peut être conseillée, puisqu'elle permet l'emploi de bois plus ou moins
courbé et n'a que des assemblages d'une grande
simplicité ; enfin, la pose se faisant sur un entrait

Fig. 154. — Pignon de la bergerie de Grignon dans l'état actuel.

reposant sur les murs, n'exige pas d'appareils coûteux, malgré la grande portée de la ferme

413. La figure 154 montre un des pignons : les

murs s'élèvent, en maçonnerie, jusqu'au niveau des égouts ; puis, en pan de bois hourdé en torchis, pour la partie triangulaire. Une grande porte charretière, pour l'enlèvement du fumier, est percée dans chaque pignon, outre trois fenêtres à volets, pour l'emmagasinement du foin. Une petite demi-croupe protége le haut du mur de pignon.

414. L'ensemble de cette bergerie est satisfaisant au point de vue du service et même de la construction ; mais nous croyons, et nous l'avons déjà fait remarquer, que les bergeries sans grenier doivent être aujourd'hui préférées, surtout dans les grandes exploitations.

Les figures 155, 156 et 157 représentent la petite bergerie à rangs transversaux de la ferme

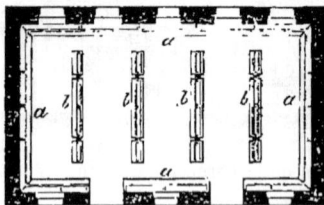

Fig. 155. — Plan de la bergerie de M. le comte de Kergorlay.

de Canisy, appartenant à M. le comte de Kergorlay. Nous avons donné précédemment le dessin des

crèches. On voit (fig. 155) que les râteliers doubles divisent la bergerie en 5 travées. Toutefois
ces divisions communiquent entre elles par de
petits couloirs, et les murs sont garnis de crèches
simples : c'est donc une disposition mixte entre
les bergeries à rangs transversaux et celles à rangs
longitudinaux ; cette construction est simple et
d'un assez bel aspect, comme le montre la façade
(fig. 156).

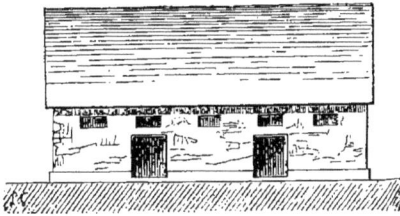

Fig. 156. — Vue de la bergerie de Canisy.

La figure 157 est une coupe transversale montrant, de face, les crèches doubles, et, de profil,
les crèches simples placées contre les murs. On
voit en coupe les fenêtres, peu hautes mais larges.
La charpente est un peu compliquée et coûteuse
pour sa portée. Deux poteaux supportent, du haut,
les arbalétriers qui, du bas, sont assemblés sur deux

16

demi-entraits placés à l'extérieur des poteaux, qui les supportent par tenon à paume. Une contre-fiche partant du poteau, aux deux tiers de sa hauteur, soutient chaque arbalétrier en son milieu. Enfin les arbalétriers un peu plus haut sont embrassés en même temps que les poteaux et le poinçon par un entrait retroussé moisé. Au niveau ou un peu au-dessus des demi-entraits, les poteaux sont réunis par un faux entrait.

Fig. 157. — Coupe de la bergerie.

Les trois entraits sont enfin supportés par des contre-fiches partant des poteaux. Les entraits peuvent supporter un plancher.

B. BERGERIE A RANGS TRANSVERSAUX A DEUX COMBLES.

415. Nous donnons comme exemple de ce genre de bergerie, celle que nous avons fait exécuter, il y a quelques années, pour M. le baron de Fourment, député au Corps législatif ; elle n'a pas de grenier.

Les travées sont de 4^m,10, et la profondeur de chaque bâtiment est de 6^m,78 ; chaque travée peut donc contenir 52 moutons ; la longueur totale étant de 56^m,21, cette bergerie peut contenir dans ses deux bâtiments accolés 576 moutons.

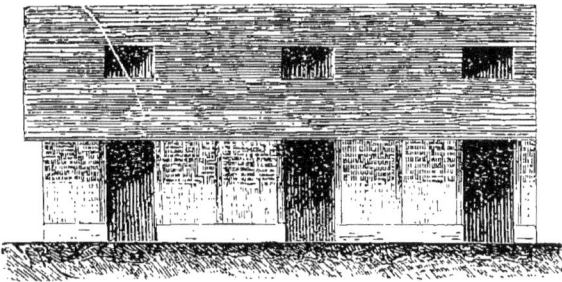

Fig. 158. — Façade de la bergerie de M. le baron de Fourment.

Les murs sont en briques et de 0^m,22 d'épaisseur seulement ; les poteaux d'huisserie, et celui intermédiaire qui porte la ferme même, enserrent la maçonnerie.

L'éclairage et la ventilation se font par un châssis vitré pour chaque travée et sur chaque face du comble (fig. 158).

416. Le plan figure 159 montre la disposition

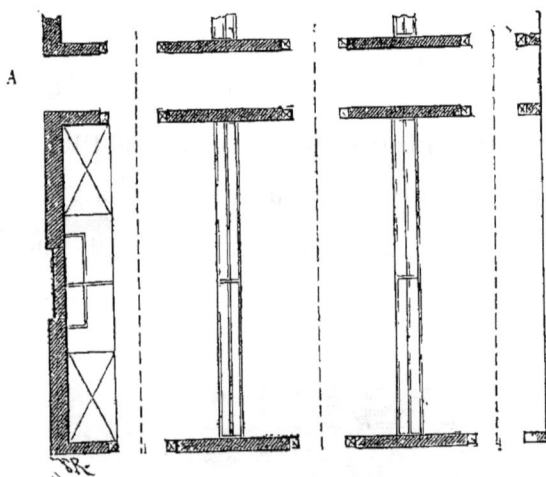

Fig. 159. — Plan d'une portion de la bergerie de M. le baron de Fourment.

des crèches doubles mobiles; entre les rangs, se trouve un passage longitudinal de service A, dans lequel est placé un petit chemin de fer. Le wagon arrivé vis-à-vis une des portes, on distribue les aliments à droite et à gauche, à 5ᵐ,5 en moyenne de chaque côté du couloir. Les murs intérieurs qui forment le couloir peuvent être remplacés par de simples claies.

L'enlèvement du fumier peut se faire aussi par le chemin de fer ; le fumier est tiré d'entre les rangs et apporté à la fourche d'une moyenne distance de $3^m,45$ jusque sur le wagon.

A chaque extrémité des bâtiments on peut placer en soupente contre le pignon deux lits de bergers, avec des armoires. On arrive à ces lits à l'aide d'une petite échelle mobile.

Fig. 160. — Coupe de bergerie de M. le baron de Fourment.

417. La figure 160 est la section transversale du double bâtiment, formant la bergerie : on voit que les fermes sont à entrait retroussé moisé, embrassant deux arbalétriers assemblés du haut dans le poinçon et du bas sur les poteaux. Une jambe de force supporte chaque arbalétrier vers le tiers

de sa longueur pour l'empêcher de plier. Cette jambe de force est assemblée à tenon et mortaise ; en bas, dans le poteau et, en haut, sous l'arbalétrier. Un blochet moisé embrasse le poteau, l'arbalétrier et la jambe de force, et est boulonné avec ces trois pièces. Cet ensemble très-rigide ne charge aucunement le mur, qui pourrait être réduit à 11 centimètres d'épaisseur, sans inconvénient.

Le couloir central, pour le passage des wagons, a 1^m,28 de largeur.

Fig. 161. — Vue des pignons de la bergerie à rangs transversaux de M. le baron de Fourment à Cercamp (Pas-de-Calais).

418. La figure 161 représente un des pignons en élévation. Ce dessin n'a aucun besoin d'explication. La couverture est en tuiles pannes du pays (Pas-de-Calais).

419. Nous avons précédemment discuté les avantages et les inconvénients des combles multiples pour les bergeries. Nous donnons, dans nos dernières figures, un exemple, avec variante, pouvant servir de type, que les moutons soient placés par rangs longitudinaux ou transversaux. Dans le premier cas, toutefois, il n'y aurait qu'une porte pour chaque second ou troisième pignon ; les autres n'auraient que de fausses portes.

Dans le plan (fig. 162), les crèches mobiles, de 4 mètres de longueur chacune, sont placées transversalement. Des poteaux, placés tous les 4 mètres, supportent les chéneaux ou les noues.

420. La figure 163 représente une des façades en élévation : on voit que les bâtiments accolés présentent un rang de pignons sur la cour intérieure de ferme. Chaque pignon est percé d'une porte à élargissement précédée d'un plan incliné. Cette façade a généralement un très-bel aspect. Nous avons élevé une vacherie et une bergerie de ce

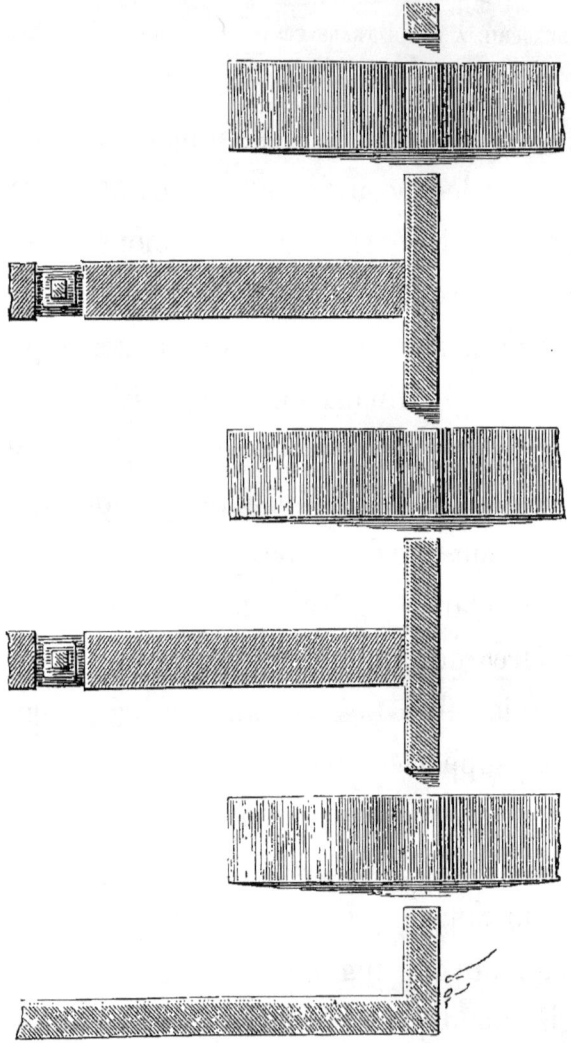

Fig. 162. — Plan de la bergerie modèle avec toits à pans multiples.

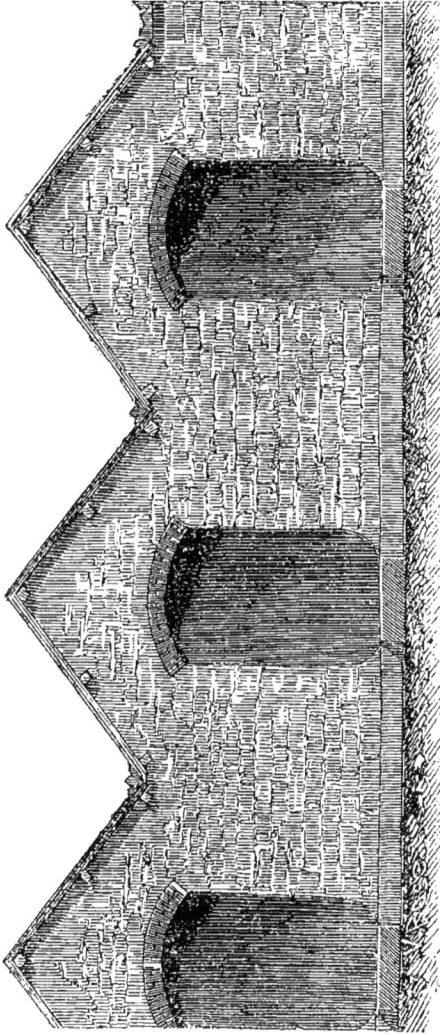

Fig. 165. — Façade de la bergerie modèle à pignons multiples.

17

genre dans le domaine de Laurecourt, si courageu-
sement créé par M. Belle dans la *Champagne* du
département de Seine-et-Marne.

421. Nous donnons pour cette bergerie deux systèmes de *fermes*. Le premier, représenté figure 164,
se compose de deux arbalétriers AA, assemblés en
haut à tenon et mortaise, avec embrèvement, dans
un poinçon B ; en bas, dans les poteaux CC ; et
d'un entrait moisé D en planche, embrassant, en
même temps les poteaux, les arbalétriers et le
poinçon, sur lesquels il est fortement boulonné.

Sur le haut de chaque poteau, les entraits
de deux fermes *contiguës* viennent se rencontrer
et sont séparés toutefois par une forte planche
placée de *champ* et encastrée dans le poteau ; elle
est destinée à supporter une autre planche placée
à plat, qui supporte elle-même le fond du chéneau, en zinc fort, des nᵒˢ 14 ou 15, c'est-à-dire de
2 millimètres d'épaisseur. Ces planches sont disposées de façon à présenter une pente à partir du
milieu de la largeur du bâtiment jusqu'à chaque
bout, afin que le chéneau ait assez de pente pour
l'écoulement de l'eau de pluie.

Le faîtage repose comme d'habitude sur le haut

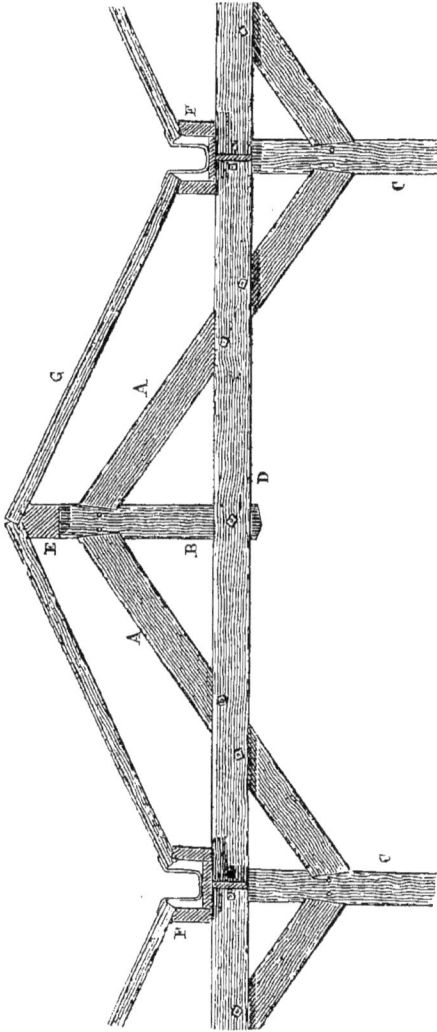

Fig. 164. — Premier système de ferme en charpente pour la bergerie modèle à pignons multiples (fig. 165) système Grandvoinnet.

des poinçons *tenonés;* une sablière F posée de
champ sur les entraits supporte, ainsi que le faîte,
les chevrons G, qui, enfin, reçoivent les voliges
sur lesquelles les ardoises sont clouées.

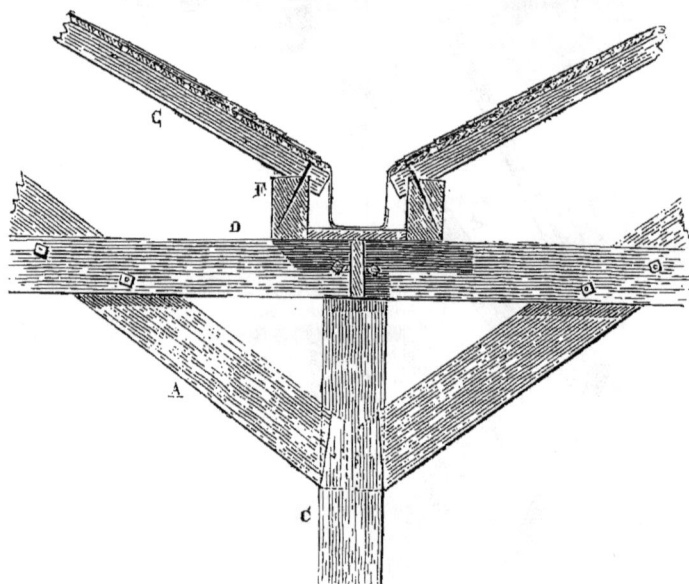

Fig. 165. — Détail en grand du chéneau de la fig. 164.

422. Les figures 165 et 166 donnent à part et à
une échelle double les détails exacts des assemblages de cette *ferme.* On voit les chevilles en fer
qui fixent les chevro   faîte et sur la sablière ; les voliges clo   as et les ardoises se
recouvrant environ   rs.

Les embrèvements des pièces mortaisées (poteau et poinçon) se voient aussi distinctement.

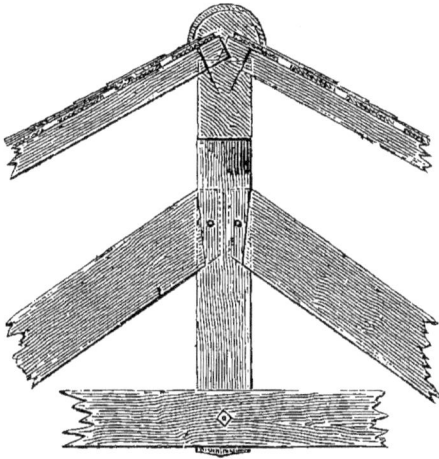

Fig. 166. — Détail en grand des assemblages du faîtage de la fig. 164.

423. Le deuxième système de fermes accouplées pour combles multiples est représenté par la figure 167. Il n'y a pas d'autre assemblage que des boulonnages de pièces l'une contre l'autre, avec un léger encastrement au tiers ou au quart bois, ou, ce qui suffit, à 15 millimètres de profondeur.

La pente du comble suppose l'emploi de tuiles plates ; elle est d'environ 45°.

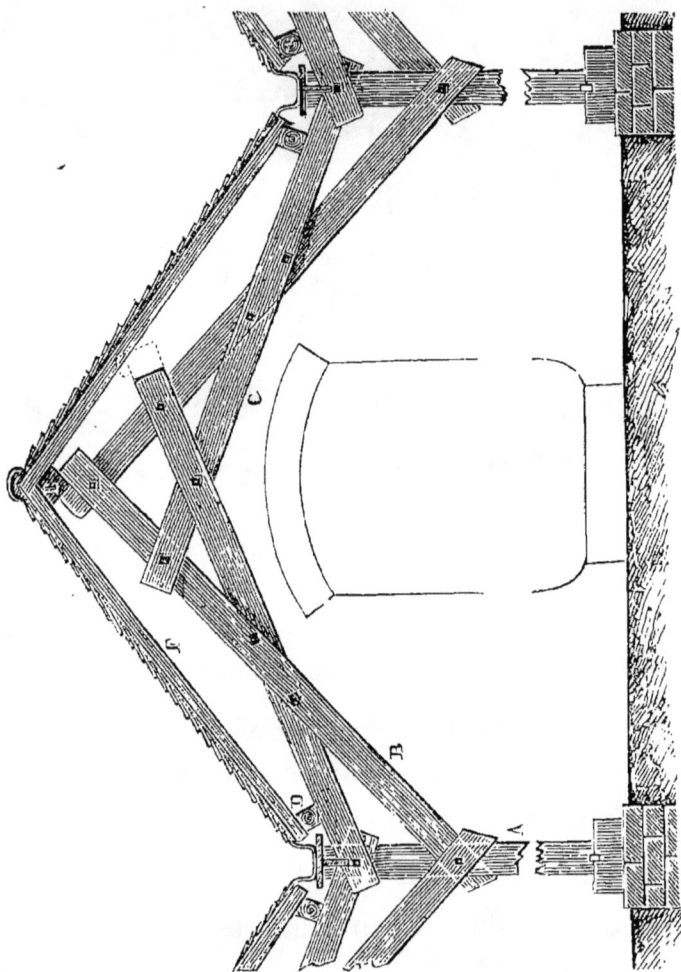

Fig. 167. — Système de ferme en planches pour la bergerie modèle à pignons multiples (système Grandvoinnet).

Les poteaux A sont embrassés par deux arbalétriers B, qui, en haut, se croisent et sont boulonnés l'un sur l'autre, après avoir été un peu
entaillés l'un et l'autre pour s'encastrer réciproquement.

Les mêmes poteaux sont embrassés, plus haut,
par deux pièces CC, qui forment tirants retroussés
et se croisent en dessous et entre les arbalétriers.
Ces bois doivent être assez peu épais pour se ployer
et passer de la droite d'une pièce à la gauche de la
suivante, en s'entrelaçant réciproquement. Toutes
les pièces sont en réalité de fortes planches. On
remarquera que les poteaux, comme dans le premier système de ferme, sont réunis en haut par
une planche posée de *champ*, surmontée d'une
autre à plat pour le soutènement du chéneau.

Enfin, le faîte repose (la diagonale d'équarrissage verticalement) sur les fourches que forment
les arbalétriers en s'entre-croisant; la sablière repose sur les faux entraits retroussés; enfin, les
chevrons F reposent d'un bout sur le faîte et de
l'autre sur la sablière.

Une panne pourrait être supportée par le prolongement des entraits retroussés obliques, comme

nous l'indiquons en ponctué au côté droit de la figure.

424. Pour bien faire comprendre ce genre de bergerie, nous donnons (fig. 168) une vue perspective de l'ensemble. Le bâtiment est compris entre deux parcs.

Les extrémités sont percées d'une porte charretière, par laquelle on peut enlever les fumiers. L'éclairage et la ventilation ont lieu par des châssis en tabatière et par des ventouses.

VI

Bergeries couvertes et non closes.

A. HANGARS FIXES.

425. La seule différence avec les précédents systèmes de bergeries, c'est la suppression des murs; les fermes des combles doivent donc toujours être portées par des poteaux. Ce sont de simples hangars devant seulement satisfaire aux conditions de

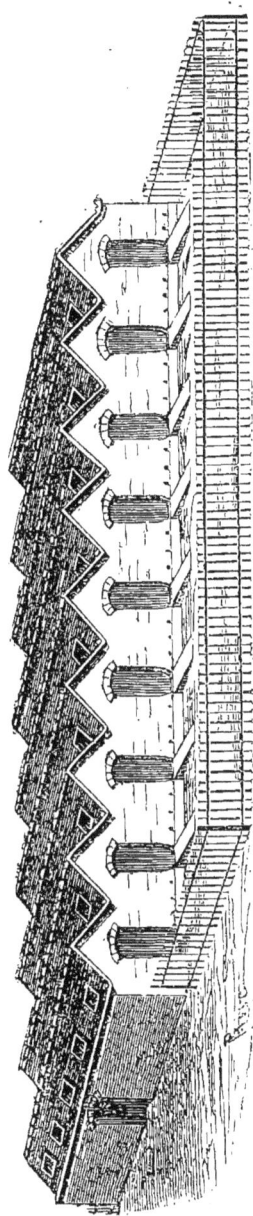

Fig. 168. — Vue en perspective de la bergerie modèle à toits multiples.

longueur, ou largeur, nécessaires pour y placer 2, 4, 6 ou 8 rangs longitudinalement ou transversalement. En supposant, dans les modèles précédents, les murs enlevés et remplacés par des poteaux, on aura les bergeries-hangars à toits multiples les plus avantageuses.

B. HANGARS MOBILES.

426. Pour l'élevage, des hangars reposant sur quatre roues peuvent être utiles ; en général, les roues sont faites d'un trop petit diamètre, ce qui rend ces *parcs couverts* assez difficiles à déplacer.

La figure 169 représente le parc couvert exposé en 1860, à Paris, par la Direction des fermes impériales.

Les poteaux des fermes sont fixés sur deux longues *semelles* en bois placées de *champ*, et contre lesquelles extérieurement sont placées les roues, supportées en dehors par des longerons rapportés BB. La longueur totale couverte est de 9 mètres ; les fermes, au nombre de trois, sont distantes l'une de l'autre de 4 mètres ; la distance d'axe en

axe des crèches doubles est réduite au minimum,
2^m,953.

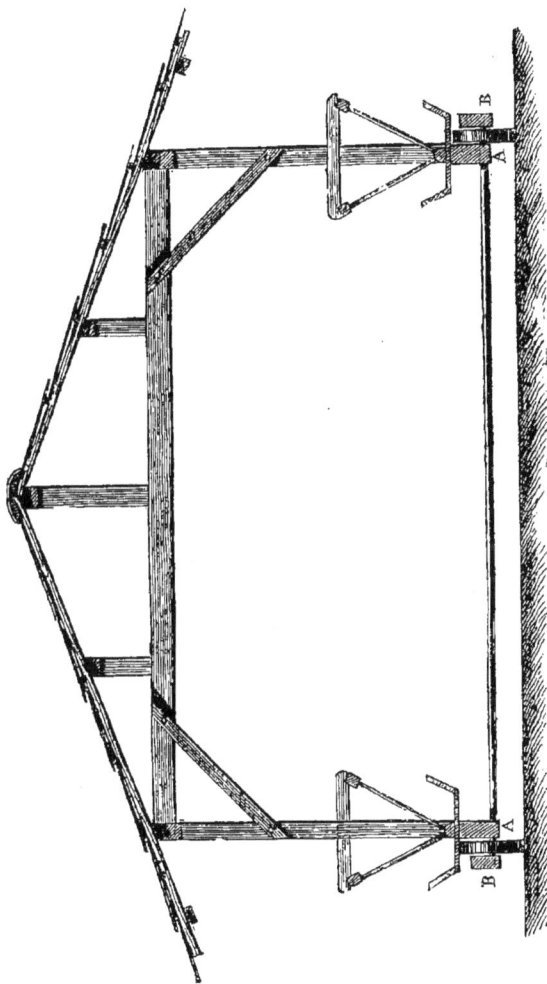

Fig. 169. — Coupe du hangar locomobile exposé par la Direction des fermes impériales en 1860.

Les crèches sont de la disposition ordinaire.

Ce parc couvert est un point de départ convenable pour l'exécution de bergeries mobiles.

427. M. Duchon exposait à Billancourt une tente supportée par un mât haut de 5^m,33, et portant à sa base un plateau en fonte dans lequel il peut tourner. Lorsqu'on agit sur un pignon qui commande une grande roue dentée placée sur l'arbre d'un pignon conduisant une crémaillère fixée contre le mât, on fait monter ou baisser celui-ci par rapport au bâti porté par quatre roues. Ce mécanisme sert aussi à soulever les claies formant le parc, et en outre un mécanisme permet de faire avancer tout l'ensemble. Cette disposition est ingénieuse et assez convenable, mais fort coûteuse : 5,000 francs pour une surface assez restreinte. Nous en avons parlé plus au long à l'article *Parcs mobiles :* mais nous devions faire observer ici que le système locomoteur de M. Duchon peut s'appliquer aux hangars ou bergeries mobiles destinés à des moutons d'élevage.

FIN.

TABLE MÉTHODIQUE

DES MATIÈRES

PREMIÈRE PARTIE

DEUXIÈME PARTIE

302   TABLE DES MATIÈRES.

TROISIÈME PARTIE

QUATRIÈME PARTIE

18

TABLE DES FIGURES

18.

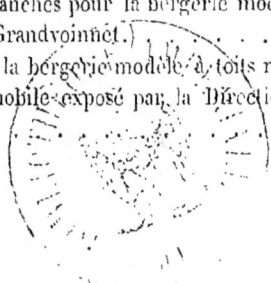

TABLE

DES NOMS CITÉS DANS CET OUVRAGE

PARIS. — IMP. SIMON RAÇON ET COMP., RUE D'ERFURTH, 1.

CATALOGUE

DE LA

LIBRAIRIE AGRICOLE

DE

LA MAISON RUSTIQUE

RUE JACOB, 26, A PARIS

PAR ORDRE DE MATIÈRES ET NOMS D'AUTEURS

JANVIER 1869

DÉSIGNATION DU CATALOGUE

AVIS IMPORTANT

Toute commande de livres publiés à Paris, si elle est faite par un abonné du *Journal d'agriculture pratique*, de la *Revue horticole* ou de la *Gazette du village*, et accompagnée du prix de ces livres en un mandat sur Paris, ou, ce qui est plus sûr, en un bon de poste dont on garde la souche, qui sert de quitance, est expédiée sur tous les points de la *France*, de l'*Algérie*, de l'*Italie*, de la *Belgique* et de la *Suisse*, franco, au prix marqué dans les catalogues, c'est-à-dire au même prix qu'à Paris.

Les commandes de plus de 50 francs, faites dans les mêmes conditions, sont expédiées *franco* et sous déduction d'une *remise de dix pour cent*.

Quel que soit le chiffre de la commande, la remise est toujours de *dix pour cent* pour les abonnés, lorsque, au lieu d'expédier par la poste les ouvrages demandés, la *Librairie agricole* les livre au comptant à Paris.

Le catalogue de la *Librairie agricole* est expédié *franco* à toute personne qui en fait la demande *franco*.

On ne reçoit que les lettres affranchies.

MAISON RUSTIQUE DU XIXE SIÈCLE

CINQ VOLUMES GRAND IN-8 A DEUX COLONNES

ÉQUIVALANT A 25 VOLUMES IN-8 ORDINAIRES, AVEC 2,500 GRAVURES

REPRÉSENTANT

LES INSTRUMENTS, MACHINES, ANIMAUX, ARBRES, PLANTES, SERRES
BATIMENTS RURAUX, ETC.

PUBLIÉS SOUS LA DIRECTION DE

MM. BAILLY, BIXIO ET MALPEYRE

TABLE DES PRINCIPAUX CHAPITRES DE L'OUVRAGE

Prix des 5 volumes (ouvrage complet). . . . . **39 fr. 50**
Chaque volume pris séparément. . . . . **9 fr.** »

Il n'y a pas d'agriculteur éclairé, pas de propriétaire qui ne consulte assidûment la *Maison rustique du dix-neuvième siècle ;* ce livre, expression la plus complète de la science agricole pour notre époque, peut former à lui seul la bibliothèque du cultivateur. 2,500 gravures réparties dans le texte parlent aux yeux et donnent aux descriptions une grande clarté.

AGRICULTURE — ÉCONOMIE RURALE

ALLIOT.

Maladies des végétaux (Origine des) et des animaux herbivores, moyens de les prévenir par le drainage. 92 p. in-8. . . . . . 1 50

ALMANACH.

Almanach du Cultivateur, par les Rédacteurs de la *Maison rustique*. 192 pages in-18 et 68 gravures. . . . . » 50
Une nouvelle édition de cet almanach est publiée chaque année.

ANNALES.

Annales de l'Institut agronomique de Versailles. 1 vol. in-4 de 418 pages avec 4 planches. 3 50

BAZIN.

Froments (NOUVELLES VARIÉTÉS). 8 p. in-4 et 15 gravures. . . » 50

BERTIN.

Chemins vicinaux (Des). In-8 de 111 p. . . . . 1 »

Statistique des subsistances (De la). 1 v. in-12 de 96 p. » 50

BODIN.

Agriculture (Éléments d'). 4e édit. 1 vol. in-18 de 360 p. 1 75

BON FERMIER (Le).

Bon Fermier (Le). Aide-mémoire du Cultivateur, par Barral, et pour **la Revue agricole de 1868**, par Allix, de Céris, Gayot, Grandeau, Grandvoinnet, Heuzé, Liébert, Eug. Marie, Rampont-Lechin, Ronna. 1 volume in-12 de 1,495 pages et 100 gravures. . . 7 »
Ouvrage contenant : le calendrier détaillé — le tableau des foires de chaque département — des tables usuelles pour la détermination du poids du bétail et pour les principaux besoins de l'agriculture — les travaux agricoles de chaque mois pour toutes les parties de la France — les distilleries — féculeries — brasseries et autres industries annexées aux exploitations rurales — la mécanique agricole complète, avec description et gravure des meilleurs instruments aratoires, machines, etc.
Une nouvelle édition du *Bon Fermier* est publiée tous les ans, avec revue de l'année écoulée et addition des nouveautés.

BONNIER.

De l'assistance publique. 1 vol. in-8 de 224 p. . . . . . . 3 »

Monographies agricoles. 1 vol. in-12 de 168 p. 1 25

Statistique agricole et industrielle de l'arrondissement de Valenciennes, 1 vol. in-8 de 178 pages. 3 50

BORIE (Victor).

Agriculture et liberté. 1 vol. in-8 de 180 pages. . . . . 4 »

Animaux de la ferme. (Voir p. 17). Grand in-4°, édition de luxe
Prix du volume cartonné. . . . . 85 »
Le même ouvrage richement relié. . . . . 100 »

Calendrier agricole (LES DOUZE MOIS). 1 vol. in-8 à 2 colonnes de 580 pages et 95 gravures. 3 50

Question du Pot-au-feu. Organisation du commerce des viandes. In-8 de 47 pages. . . . . 1 »

Travaux des champs. (Bibl. du Cultiv.). 188 p. et 121 grav. 1 25

— 5 —

BORTIER.

Desséchement des Moëres, par Cobergher. en 1622. 8 p.
in-8, portrait de Cobergher et carte des Moëres. . . . . 1 »

BOST.

**Table décennale du Correspondant des justices de paix
et des tribunaux de simple police.** 1 vol. in-8 de 184 p. 4 »

BRAY (DE).

Question des sucres. Résumé des opinions. In-8. 23 pages, » 50

BRETON.

Assistance publique (L') et la bienfaisance au dix-neuvième siècle.
1 vol. in-8 de 160 pages. 2 50

Crédit agricole en France. 100 pages in-8. . . . . 1 »

Défrichement (Manuel théorique et pratique du). 1 v. in-8
de 400 pages. . . . . 4 »

BUJAULT (Jacques).

OEuvres de Jacques Bujault. 3e édition. 1 vol. in-8 de 540 pages
et 33 gravures. . . . . 6 »

CANCALON.

Histoire de l'agriculture. 1 volume in-8 de 474 pages. . 6 »

CARPENTIER.

Enseignement agricole (Entretien sur l') en France,
1 brochure. » 40

CORENWINDER.

**L'Agriculture flamande à l'Exposition universelle de
1867.** Rapport sur l'Exposition agricole collective du département du
Nord. 1 vol. in-8 de 205 p. 1 50

CRISES, etc.

Crises agricoles (Les) dans l'abondance et la pénurie des grains;
moyens infaillibles de les prévenir, par l'ancien rapporteur de la Commission du Crédit agricole au Congrès central d'agriculture dans la ses-
sion de 1847. 1 brochure in-18 de 40 p. 3e édit. . . . . . . » 50

DAMOURETTE.

Calendrier du métayer. 1 vol. in-12. (Bibl. du Cultiv.). . 1 25

DE MOOR.

Prairies. 1 vol. in-18 de 210 p. et 67 grav. (Bibl. du Cultiv.). 1 25

DESTREMX DE SAINT-CRISTOL.

Agriculture méridionale. Le Gard et l'Ardèche. 1 vol. in-8 de
407 pages. 3 50

DEZEIMERIS.

Conseils aux agriculteurs sur l'art d'exploiter le sol avec profit,
3e édit. 1 vol. in-12 de 654 pag. 3 50

DOMBASLE (DE).

Abrégé du calendrier du bon cultivateur ou manuel de
l'Agriculteur praticien, 1 vol. in-12. 280 p. 1 50

Extrait de l'abrégé du Calendrier du cultivateur,
in-12, 98 p. » 60

Agriculture (Traité d'). 5 vol. in-8, ... 50 »

Annales de Roville. 9 vol. in-8. . . . . 61 50

Calendrier du Bon Cultivateur, 10ᵉ édition. 1 vol. in-12 de 872 pages et 5 planches. 4 75

Écoles d'arts et métiers. 1 br. in-18 de 106 pages. . . 1 »

Économie politique et agricole. 1 vol. in-18 de 194 p. 1 50

DOYÈRE.

Alucite des céréales, ses ravages et moyens de les faire cesser. 110 pages in-4, gravures et 3 planches. 3 50

Ensilage. In-8 de 48 pages. . . . . » 75

DRALET.

Taupier (Art du). 16ᵉ édition. In-12 de 66 pag. . . . . . 1 »

DREUILLE (DE).

Métayage (Du) et des moyens de le remplacer. 1 v. in-18 de 104 p. 1 »

DUGUÉ.

Comptabilité agricole (Notions pratiques de). 1 brochure in-8 de 32 pages. . . . . 1 »

DURRIEUX.

Monographie du paysan du département du Gers, 1 vol. in-18 de 260 pages. 3 50

EMION (V.).

Taxe (La) du pain, avec préface par Victor Borie. 1 vol. in-8 de 108 pages. . . . . 4 »

ENQUÊTE.

Agriculture française (Enquête sur l'), par une Réunion de députés. 1 vol. in-8 de 244 pages. 2 50

ERATH.

Houblon, par Erath, traduit par Nicklès. (Bibl. du Cultiv.). 156 pages et 22 gravures. 1 25

ESTANCELIN.

Enquête (L') et la crise agricole, lettre à M. le ministre de l'agriculture. 1 brochure in-8 de 32 pages. . . . . 1 »

FALLOUX (Comte DE).

Dix ans d'agriculture. Br. in-8, 47 pages. . . . . 1 »

FLAXLAND.

Enquête agricole (Quelques considérations relatives à l'), dans les départements frontières du Nord-Est. . . . . 1 »

L'Agriculture à l'Exposition universelle de 1867. In-8, 28 p. . . . . 1 »

FRILET.

Igname de la Chine (Notice sur la pomme de terre et l'). In-8 de 24 pages . . . . » 50

GASPARIN (DE).

Agriculture (Cours d'), par de Gasparin, membre de l'Académie des sciences, ancien ministre de l'agriculture. 6 vol. in-8 et 255 gr. 39 50

Culture améliorante (Principes de la). 3ᵉ édition. 1 vol.
in-12 de 400 pages. 3 50
Culture (Traité des entreprises de grande), ou principes
d'économie rurale. 2 vol. in-8, formant ensemble 1,136 p. 15 »
  LEDOCTE.
Plantes-racines. (Bible du cultiv.). 1 vol., 250 p. et 24 grav. 1 25
  LEFEBVRE.
Maladie des pommes de terre. In-8 de 112 pages. . . . 1 50
  LEFOUR.
Arithmétique agricole. 1 vol. in-16 de 128 pages ornées de vi-
gnettes. (Bibl. des écoles primaires.). . . . . » 75
Comptabilité et géométrie agricoles. (Bibl. du Cultiv.). 214 p.
et 104 grav. 1 25
Culture générale et instruments aratoires. (Bibl. du Cultiv.).
1 vol. in-18 de 160 pages et 155 gravures. 1 25
Problèmes agricoles (300). 1 brochure in-18 de 36 p. » 50
  LE MAOUT.
Le trésor des laboureurs. Adages, maximes et proverbes agricoles.
In-18 de 176 pages.. . . . . 1 50
  LÉOUZON.
Enseignement agricole (Réforme de l'). in-8 de 28 p. 1 »
  LEPLAY.
Sorgho sucré (Culture du) comme plante industrielle et comme
plante fourragère. 36 pages in-8. . . . . 1 »
  LEROY (A.).
Revue agricole illustrée. Guide du châtelain. In-4 de 148 pages,
orné de nombreuses gravures. . . . . 5 »
  LIEBIG (DE).
Lettres sur l'agriculture moderne, par le baron Justus de Lie-
big, traduites par le docteur Théodore Swarts. 1 volume in-18 de 244
pages. 3 50
  LOUVEL.
Grains (Conservation des) au moyen du vide . . . . » 75
  LULLIN DE CHATEAUVIEUX.
Voyages agronomiques en France. 2 vol. in-8, ensemble
1031 pages. 10 »
  LURIEU (DE) et ROMAND.
Colonies agricoles (Études sur les) de mendiants, jeunes déte-
nus, orphelins et enfants trouvés de Hollande, Suisse, Belgique, France.
1 vol. in-8 de 462 pages. 7 50
  MAGNIER.
Avenir de l'agriculture par l'enseignement agricole. » 40
  MARTINELLI.
Comices (Appel aux). 32 pages in-8. . . . . » 50
  MARTRES.
Agriculture (L') du département des Landes devant l'en-
quête, et son amélioration par la culture de la vigne et du pin.
In-12 de 100 pages et table. . . . . » 75
  MASURE.
Leçons élémentaires d'agriculture à l'usage des agriculteurs
praticiens et destinées à l'enseignement agricole dans les écoles spécia-

1.

es d'agriculture, dans les écoles normales primaires et dans les écoles communales.

Première partie : Les plantes de grande culture, leur organisation et leur alimentation. 1 vol. in-18 de 330 p. et 32 grav. 3 50

Deuxième partie : Vie aérienne et vie souterraine des plantes agricoles. 1 vol. de 477 pages et 20 figures. 3 50

L'ouvrage complet. . . . . 7 »

MÉHEUST (P.).

Économie rurale de la Bretagne. 1 vol. in-18 de 220 p. 2 50

Économie rurale (Leçons publiques d'). 1 vol. in-18 de 68 pages. . . . . 1 »

MESNIL-MARIGNY (DU).

Céréales et la douane (Les). 1 vol. in-18 de 269 p. . 3 »

MIDY.

Nouvelle manière de cultiver et de récolter les betteraves. 2e édition. In-8 de 48 pages. . . . . 1 »

MILLET-ROBINET (Madame).

Maison rustique des enfants. 1 vol. in-4 de 320 p., 120 figures dans le texte et 20 planches. Broché. . . . . 15 »

Richement relié. . . . . 20 »

MOLL.

Inondations (Moyens de réparer les ravages des). » 50

NIVIÈRE.

Dombes (La) ou l'Eau et l'Herbe. Conseils aux propriétaires de grandes terres. 1 vol. in-8 de 128 pages et tableaux . . . . . 2 »

PAPIER.

Tabacs en Algérie (Question des). In-8 de 88 p. . . . . 2 »

PATÉ (J.-B.).

Mes revers et mes succès en agriculture. in-8 de 126 p. 2 »

PÉPIN-LEHALLEUR.

Labourage à vapeur. Concours international de Roanne, rapport du jury. In-8 de 49 pages. . . . . » 50

PERRET.

Agriculture (L') et l'Enseignement primaire. In-8 de 25 pages . . . . » 60

PERRIN DE GRANDPRÉ.

Crédit agricole et caisse d'épargne. In-8 de 48 p. . . 1 »

PETIT-LAFFITTE.

Tabac (Culture du). 104 pages in-12. . . . . 2 »

PICHAT ET CASANOVA.

Question agricole en Dombes (Examen de la). In-8 de 72 p. et tableaux. 1 50

RANCY (EDMOND DE GRANGES DE).

Comptabilité agricole (Traité de). 2e édition. 1 vol. in-8 de 296 pages. . . . . 5 »

REGISTRES.

Registres de comptabilité.

La main de 24 feuilles in-folio avec couverture. 2 50

 —   in-quarto   —   1 25

Réunions, etc.

Réunions territoriales, création de chemins d'exploitation. Étude sur le morcellement en Lorraine, par F. P. 48 pages in-8. .   » 75

Richard.

Conservation des céréales. Détails explicatifs de deux procédés pour la destruction des charançons. In-32 de 36 pages . . . . . » 25

Rigaut.

Statistique agricole du canton de Wissembourg. 592 p. gr. in-4. . . . . 15 »

Riondet.

Agriculture (L') de la France méridionale, ce qu'elle a été, ce qu'elle est, ce qu'elle pourrait être. 1 vol. in-18 jésus de 369 p. . . . 3 50

Olivier (L'). In-18 jésus de 139 pages. (Bibl. du Cultiv.) . . 1 25

Rochussen.

Culture et fécondation artificielles des céréales, système Hooïbrenk. 1 v. in-8 de 54 pages, avec 3 pl. 1 50

Rondeau.

Crédit agricole (Projet de). 1 vol. in-18 de 236 p. . . . 2 »

Royer.

Allemande (L'Agriculture), ses écoles, son organisation, ses mœurs et ses pratiques. 1 vol. grand in-8 de 542 p. 7 50

Statistique agricole de la France en 1843. 1 vol. in-8 de 304 pages. 5 »

Saint-Aignan.

Crise agricole (La), prise de loin et vue de haut.   1 »

Saintoin-Leroy.

Comptabilité agricole (Cours complet)

1° *Manuel de comptabilité agricole pratique,* en partie simple et en partie double, seconde édition, avec modèle des écritures d'une exploitation rurale pour une année entière. 2ᵉ édition. 1 vol. gr. in-8 et tableaux, de 176 p. . . . 3 »

2° *Comptabilité-matières de l'agriculteur,* Complément du *Manuel de comptabilité agricole pratique,* suivie du *Livre du travail,* et d'une *Méthode abrégée de tenue des livres agricoles en partie simple.* 1 vol. gr. in-8 de 144 pages, avec nombreux tableaux. . . . . 4 »

3° *Comptabilité simplifiée, agricole et commerciale,* mise à la portée de la moyenne et de la petite culture, suivie de la *Comptabilité spéciale des marchands et des artisans,* à l'usage des écoles primaires de garçons et de filles. 1 vol. gr. in-8 et tableaux, de 96 pages. . . . . 2 »

Registres pour la grande et la moyenne culture.

Registre-Mémorial de l'Agriculteur (comptabilité-matières), réunion de tous les tableaux nécessaires à la constatation de tous les faits d'une exploitation rurale. 1 vol. gr. in-4 oblong. . . . . 5 »

Livre de caisse (comptabilité-espèces), registre en tableaux. 1 vol. grand in-4 oblong. 2 50

Journal, registre en blanc réglé et folioté. 1 vol. gr. in-4 oblong. 2 50

Grand-Livre, registre en blanc réglé et folioté. 1 vol. gr. in-4 oblong. . . 3 »

On peut joindre à ces registres des cahiers quadrillés pour la constatation journalière des travaux de main-d'œuvre, des attelages et de la nourriture du personnel.

1° Cahier quadrillé avec instruction et modèles de tableaux. 1 vol. petit in-4 oblong. . . . . 2 »

2° Cahier simplement quadrillé. 1 vol. petit in-4 oblong. 1 25

Agenda de poche du Cultivateur, petit cahier à joindre à tous les Agendas usuels, de 36 pages, format in-18; prix des dix exemplaires. . . . . 3 »

Comptabilité de la petite culture à l'aide d'un seul livre dit Mémorial-caisse, à l'usage de l'enseignement élémentaire de la comptabilité agricole dans les écoles primaires. in-4 oblong. 1 25

Registres pour la comptabilité simplifiée.

Registre unique du Cultivateur pour l'application de la Comptabilité simplifiée.
1 vol. petit in-4 oblong, de 100 pages. . . . . 2 »
Le même, moins fort, pour les écoles. . . . . » 60
Livre de caisse des Marchands. 1 vol. petit in-4 oblong. . . . . 2 »
Livre de caisse des Artisans. 1 vol. petit in-4 oblong. . . . . 2 »
Chaque volume ou registre se vend séparément.

SCHLŒSING ET GRANDEAU (L.) Voir Grandeau et Schlœsing.

SCHWERZ.

Agriculteur commençant (Manuel de l'), traduit par Villeroy,
(Bibl. du Cultiv.). 5e édit. 332 pages. 1 25

SERS (Louis).

Enquête agricole (L') dans le département des Basses-Pyrénées, en
1866. 1 vol. in-8 de 93 pages. 2 50

STOCKHARDT.

Ferme (La), Guide du jeune Fermier. 2 vol. in-18 formant ensemble
616 pages. . . . . 7 »

TABLEAUX.

Tableaux pour l'enseignement agricole. Sept tableaux muraux : 1° Outils de main-d'œuvre ; 2° instruments d'extérieur de ferme ;
3° instruments d'intérieur de ferme ; 4° plantes alimentaires et industrielles ; 5° plantes fourragères ; 6° arbres fruitiers et forestiers, animaux
domestiques. Chaque tableau 0,30 c. la collection des sept tableaux
1 fr. 80 (port en sus pour la province).

TAPIÉ.

L'Agriculture devant l'industrie. in-8, 16 p. . . . . » 50

THOMAS (Ernest).

Halles et marchés en gros (Manuel des). guide de l'approvisionneur, de l'acheteur et des employés aux divers services de l'alimentation de Paris. 1 vol. in-18 de 316 pages. . . . . 3 »

TRAVANET (Marquis DE).

**Mémoires de Cincinnatus Fenouillet, à la poursuite
du progrès agricole, ou l'agriculture en roman.** 1 vol.
in-12 de 345 pages. . . . . 3 »

VIGNERAL (DE).

Agriculture (Manuel populaire d') à l'usage des cultivateurs d'Ar-
gentan. 92 pages in-8. . . . . 1 25

VILLE (Georges).

Maladie des pommes de terre. In-8 de 32 pages. . . . 1 »

La betterave et la législation des sucres. Conférence faite à
Arras le 30 mai 1868, à la demande de la Société d'agriculture. Br. gr.
in-8, 42 p. et 2 pl. 1 25

VILMORIN.

Sorgho sucré et igname de Chine. 8 pag. . . . . . . » 25

YOUNG (Arthur).

**Voyages en France pendant les années 1787, 1788,
1789,** traduit par Lesage. 2 vol. in-18. . . . . 7 »

AMENDEMENTS, ENGRAIS, CHIMIE, PHYSIQUE, MÉTÉOROLOGIE

Annuaire de la Société météorologique de France. Recueil
de 400 à 600 pages in-8 ; l'année . . . . 50 »
En vente les années 1852 à 1866.

Piérard.

Chaux (La), son emploi en agriculture. 56 pages in-12. . . . » 75
　　Pierre (Isidore).
Chimie agricole. 4ᵉ éd. 1 vol. in-12 de 560 pag. et 23 grav.　4 »
Recherches analytiques sur la valeur comparée de plusieurs des principales variétés de betteraves. In-8 de 46 pages. . . . . 1 »
　　Puvis.
Amendements (Traité des). 1 vol. in-18 de 440 p.　3 50
　　Renou.
Instructions météorologiques et Tables usuelles. 188 p. de texte, 112 de tables. . . . . 5 »
　　Ronna (A.).
Industries (Les) chimiques agricoles ou annexes de l'agriculture. In-8. (Sous presse).
Phosphates de chaux (Fabrication et emploi des) en Angleterre. 1 vol. in-18 de 162 pages. . . . . 1 »
Utilisation des eaux d'égout en Angleterre, Londres et Paris. 1 vol. in-8 de 132 pages et 5 grandes planches. . . . . . 6 »
　　Sacc.
Chimie agricole (Précis élémentaire de). 2ᵉ édition. 1 vol. in-12 de 454 pages et 5 gravures 3 50
　　Stockhardt.
Chimie usuelle appliquée à l'agriculture et à l'industrie. Trad. par Brustlein. 1 vol. in-18 de 524 p. et 225 grav.　4 50
　　Ville (Georges).
Engrais chimiques (Les). Entretiens agricoles donnés au champ d'expériences de Vincennes dans la saison de 1867. 1 vol. in-18 jésus de 300 pages. Gravures et planches. 5 50
Recherches expérimentales sur la végétation Mémoires et mélanges, t. Iᵉʳ. 1 vol. gr. in-8 de 400 p. avec 5 pl. et gr.　15 »
La maladie des pommes de terre. Br. gr. in-8, 52 p. . 1 »
La betterave et la législation des sucres. Br. grand in-8, 48 p. et 2 pl. 1 25

DRAINAGE — IRRIGATION — ÉTANGS — PISCICULTURE

　　Barral.
Drainage des terres arables. 2ᵉ édition. 2 vol. in-12 formant ensemble 960 pages et contenant 443 grav. et 9 pl. . . . . . . 7 »
Irrigations, engrais liquides et améliorations foncières permanentes. 1 v. in-12 de 790 p. et 120 grav. 7 50
Législation du drainage, des irrigations et autres améliorations foncières permanentes. 1 vol. in-12 de 664 pages. 7 50
　　Benoit.
Drainage (Système de). In-8, 24 pages et 1 pl. . . . . . 1 »
　　Bertin.
Irrigations (Code des), suivi des rapports de MM. Dalloz et Passy, et de la législation étrangère, par Bertin, avocat, rédacteur en chef du journal le Droit. 1 vol. in-8 de 182 pages. . . . . 5 »

CONSTRUCTIONS, INSTRUMENTS, ARTS AGRICOLES

BONA.

Constructions rurales (MANUEL DES). 3e édition. 1 vol. in-18 de 296 p. et nombreuses grav. 3 50

CASANOVA.

Charrue (Manuel de la). 1 vol. in-18 de 176 p. et 83 gr. 1 75

DAMEY.

Machines à battre (Le conducteur de). 1 vol. in-18 de 108 pages. 1 50

GRANDVOINNET.

Constructions rurales. 1 vol. Établissement des bergeries. (Sous presse).

KERGORLAY (DE).

Ferme de Canisy. 24 p. in-4 et 52 grav. . . . . 1 »

LABOURAGE (à vapeur, etc.).

Labourage (Du) à vapeur et des labours profonds en 1867. Résultats du concours international de Petit-Bourg. 1 vol. de 96 pages in-8 avec 14 gravures. . . . . 3 fr.

LEFOUR.

Constructions et mécaniques agricoles. (Bibl. du Cultiv.) 216 p. et 151 gr. 1 25

MACHINES, etc.

Machines à moissonner. Rapport du jury sur le concours de 1859. 64 pages grand in-8, 54 gravures. . . . . 1 »

PEPIN-LEHALLEUR.

Labourage à vapeur. Concours international de Roanne, rapport du Jury, in-8 de 49 pages. . . . . » 50

PLANET (DE).

Machines à battre (La vérité sur les). In-18 de 256 p. 2 »

RONNA.

Les industries chimiques agricoles ou annexes de l'Agriculture. In-8. (Sous presse). . . .

SAINT-MARTIN.

Chemins ruraux (Des). 1 brochure in-8 de 60 p. . . . 2 »

TOUAILLON.

Meunerie (La), la boulangerie, la biscuiterie, la vermicellerie, l'amidonnerie, la féculerie, etc. 1 vol. in-18 de 452 p. . . . . . . 5 »

ANIMAUX DOMESTIQUES — MÉDECINE VÉTÉRINAIRE

AYRAULT.

Industrie (De l') mulassière en Poitou. ou étude de la race chevaline mulassière, de l'âne, du baudet et du mulet. 1 vol. in-12 de 200 pages et 3 planches. . . . . 3 »

BENION.

Races canines (Les). Origine, transformations, élevage, amélioration, croisement, éducation, utilisation au travail, rage, maladies, taxes, etc., 1 vol. in-12 de 260 pages, orné de 12 grav. 3 50

Borie (Victor).

Animaux de la ferme, par Victor Borie. — ESPÈCE BOVINE.
Ce volume, grand in-4, contient 46 aquarelles dessinées d'après nature, 65 gravures noires intercalées dans le texte et 332 pages imprimées avec luxe, cartonné. . . . . 85 »
Richement relié. 100 »

Boulet.

La Maréchalerie. Résumé historique de la ferrure et des progrès accomplis. in-8, 16 p. Exposition universelle de 1867. Rapports du Jury international. . . . . 1 »

Charlier.

Ferrure périplantaire (Principes de la), dite ferrure Charlier, appliquée au cheval et au bœuf de travail. In-8, 16 p. et 14 fig. » 75

Daignaud.

Race bovine du Limousin (Amélioration de la) 1 vol. in-18 de 106 pages. 1 50

Dampierre (De).

Races bovines. (Bibl. du Cult.). 2e édit. 196 pages et 28 gr. 1 25

Delafond.

Typhus de l'espèce bovine. 20 pages in-8 et grav. . . » 75

Flaxland (J.-F.).

Études sur l'élevage, l'entretien et l'amélioration de la race bovine en Alsace. 124 p. in-8. . . . . 2 »

Gayot.

Attelage du bœuf et de la vache (Théorie et pratique du meilleur mode d'). in-8 de 65 pages. . . . . 1 »
Bétail gras (Le) et les concours d'animaux de boucherie. 1 vol. in-8 de 204 pages. 3 50
Cheval (Achat du). (Bibl. du Cultiv.). 1 vol. de 216 pages et 25 grav. 1 25
Chevaline (La France). 1re partie : *Institutions hippiques.* 4 vol. in-8. . . . . 26 »
2e partie : *Études hippologiques.* 4 vol. . . . . 26 »
Lièvres, lapins et léporides. (Bibl. du Cultiv.), 216 p. et 16 grav. 1 25
Mouches et vers. 1 vol. in-12 de 218 p. orné de 33 vign. 3 50
Poules et œufs. (Bibl. du Cultiv.). 1 v. de 216 pag. 1 25
Sportsman (Guide du), ou traité de l'entraînement. 1 vol. in-18 de 376 pages avec 12 gravures. 4e édition. 3 50

Geoffroy Saint-Hilaire.

Animaux utiles (Acclimatation et domestication des), 4e édition. 1 beau vol. in-8 de 534 pages et 47 gravures. . . . 9 »

Goux.

Race bovine garonnaise. 1 vol. in-8 de 80 pages. 1 50

Guyton.

Ferrure de Miles (Exposé analytique de la). In-8 de 16 p. et 1 pl. . . . . 1 »

Hays (Du).

Cheval percheron. (Bibl. du Cultiv.). 1 vol. de 176 p. . 1 25
Merlerault (Le), ses herbages, ses éleveurs, ses chevaux. 1 vol. in-18 de 182 pag. . . . . 3 »

HEUZÉ (G.).
Porc (Le). 1 volume in-12 de 334 pages avec 56 grav. . . 3 50

JACQUE (Ch.).
Poulailler (Le). 2ᵉ édit. 1 vol. in-12 et 120 grav. 3 50

JUILLET.
Chevaline (Émancipation de l'industrie). In-8 . . 1 50

LAMORICIÈRE (Général DE).
Chevaline (De l'espèce) en France. 1 vol. in-4 de 312 pag. et
3 cartes coloriées. 3 50

LEFOUR.
Animaux domestiques. (Bibl. du Cultiv.). 1 vol. in-18 de 162 pages
et 57 grav. 1 25
Cheval, âne et mulet. (Bibl. du Cult.). 1 vol. de 180 pag. et
141 gravures. 1 25
Mouton (Le). 1 vol. in-18 de 390 p. et 76 grav. 3 50
Race flamande. 1 volume in-4 de 216 pages, avec 114 gravures
noires et 4 pl. coloriées. (Édition de l'Imprimerie impériale.). 20 »

MAGNE.
Vaches laitières (Choix des). (Bibl. du Cultiv.). 144 pages et
39 gravures. 1 25

MILLET-ROBINET (Mᵐᵉ).
Basse-cour, pigeons et lapins. (Bibl. du Cultiv.). 4ᵉ édit. 180 p.
et 31 gravures. 1 25

RAUCH.
**Vétérinaires (Nécessité d'encourager l'établissement
des)** dans les campagnes. 36 p. in-18 . . . . » 50

SAIVE (DE).
Inoculation du bétail. 100 pages in-8 . . . . 2 50

SALLE.
**Méthode pratique pour aider à la connaissance rapide
de l'âge du cheval.** Tableau circulaire mobile, cartonné. 5 »

SANSON.
Bétail (Économie du). 4 vol. in-18 et plus de 150 grav.

1ᵉʳ VOL. — Organisation et fonctions physiologiques, hygiène.
2ᵉ VOL. — Principes généraux de la zootechnie.
3ᵉ VOL. — Applications : cheval, âne, mulet.
4ᵉ VOL. — Applications : bœuf, mouton, chèvre, porc.
Chaque volume se vend séparément. 3 50

Maréchalerie (La). Ferrure des animaux domestiques.
1 vol. in-12 de 180 pages, 27 grav. (Bib. du Cult.). 1 25
Médecine vétérinaire (Notions usuelles de). (Bibl. du
Cultiv.). 1 vol. de 180 pages et 15 gravures. 1 25
Moutons (Les). 1 vol. de 180 pages et 56 gravures. 1 25

SEGOUIN.
Lapins (Nouveau traité pratique de l'éducation des diverses espèces de). 58 pages in-12. . . . . » 50

VIAL (A.).
Traité d'hippologie. Connaissance pratique du cheval. 1 vol. in-8
de 319 pages et 73 gravures 7 50

VILLEROY.
Bêtes à cornes (Manuel de l'Éleveur de). (Bibl. du Cultiv.).
500 pages et 60 gravures. 1 25

VIAL.
Engraissement du bœuf. (Bibl. du Cultiv.). 1 vol. in-18 de 180
pages et 12 gravures. 1 25

Bêtes à laine (Manuel de l'Éleveur (de). 1 vol. de 355 p. et
54 gr. 3 50

Chevaux (Manuel de l'éleveur de). (Types des principales
races.). 2 vol. in-8 avec 121 gravures. . . . . 12 »

ARBORICULTURE — HORTICULTURE — BOTANIQUE

Almanach du jardinier, par les rédacteurs de la **Maison rustique.** 192 pages et 40 gravures. . . . . » 50
Une nouvelle édition de cet Almanach est publiée chaque année.

ANDRÉ.
Plantes de terre de bruyère. Rhododendrons, Azalées, Camellias,
Bruyères, Ipacris, etc. 1 vol. in-18 de 588 pages avec 30 grav. 3 50

BARON.
Arbres fruitiers (Nouveaux principes de la taille des).
1 vol. in-8 de 142 pages et 23 gravures. 3 50

BENGY-PUYVALLÉE (DE).
Pêcher (Culture du). 2e édition. 1 volume in-18. . . . . 3 50

BERLÈSE.
Camellia. 3e édition. Culture et description de 180 variétés nouvelles.
1 vol. in-8 de 340 pages. . . . . 5 »

BONCENNE.
Jardinage pour tous (Traité de). 2e édition. 1 vol. in-12 de
440 pages. 2 50

BON JARDINIER (LE).
Bon Jardinier (Le), par POITEAU, VILMORIN, BAILLY, DECAISNE, NAUDIN,
NEUMANN, PÉPIN. 1,650 pages in-12. . . . . 7 »
Une nouvelle édition du *Bon Jardinier* est publiée chaque année.
Cet ouvrage a été couronné par la Société impériale d'horticulture.

Bon Jardinier (Gravures du), 21e édit. 1 vol. in-12 de 648 pag.
avec 680 grav. et planches. . . . . 7 »

BOSSIN.
Reine-Marguerite et ses variétés. In-12 de 48 p. . . . . . » 50

BRAVY.
Arbres fruitiers (Culture des). 2e éd. 86 p. in 12. . . . » 75

CARRIÈRE.
Arbre généalogique du groupe pêcher. 1 v. in-8. 104 p. 3 »
Encyclopédie horticole. In-12 de 558 p. 3 50
Entretiens familiers sur l'horticulture. 1 vol. in-12 de
584 pages. 3 50

Jardinier-multiplicateur (Guide pratique du), ou art de propager les végétaux par semis, boutures, greffes, etc. 2ᵉ édition. 1 vol. in-18 de 416 pages et 85 gravures. 3 50

Pépinières. (Bibl. du Jard.). 148 pages et 30 grav. 1 25

Production et fixation des variétés dans les végétaux, 1 v. in-8 à 2 col. de 72 p. avec 13 gr. sur bois et 2 pl. color.   2 50

CÉRIS (DE).

Jardins et parcs. (Bibl. du Jard.). 1 vol. in-18 avec 60 grav.   1 25

DECAISNE et NAUDIN.

Manuel de l'amateur de jardins. Traité général d'horticulture Iʳᵉ PARTIE : Principes de botanique et de physiologie végétale ; — IIᵉ PARTIE : Culture des plantes d'agrément de plein air et d'appartements. IIIᵉ PARTIE : Culture des arbrisseaux et arbres forestiers et d'agrément et des végétaux de serre chaude et d'orangerie.
Prix de chaque partie. 7 50
L'ouvrage se composera de quatre parties.

DELCHEVALERIE.

Plantes de serre chaude et tempérée. 1 vol. in-12. (Bibl. du Jardin.) 1 25

DUMAS (A.).

Culture maraîchère pour le midi de la France, contenant le calendrier horticole. 2ᵉ édition, 1 vol. in-18 de 144 pages. (Bibliothèque du Jardinier.). 1 25

DUPUIS.

Arbrisseaux et arbustes d'ornement de pleine terre. 1 v. (Bibl. du Jardin.).   1 25

DUVILLERS.

Parcs et jardins (Les), créés et exécutés par F. Duvillers, architecte paysagiste, paraissant par livraisons de deux planches in-folio avec texte. Prix de chaque livraison. . . . .   5 »

GAUDRY.

Arboriculture (Cours pratique d'). 1 v. in-12 de 504 p.   2 25

GRIN.

Le pincement court ou pincement des feuilles. In-18 de 62 pag. (Bibliothèque du Jardinier.) 1 25

HARDY.

Arbres fruitiers (Taille et greffe des). 6ᵉ édition. 1 vol. in-8 et 122 gravures. 5 50

HÉRINCQ, JACQUES et DUCHARTRE.

Plantes, arbres et arbustes (Manuel général des). Description et culture de 25,000 plantes indigènes d'Europe ou cultivées dans les serres, par MM. Hérincq et Jacques, ex-jardiniers en chef du domaine royal de Neuilly, pour les trois premiers volumes, et Duchartre, pour le quatrième volume. — 4 vol. petit in-8 à 2 colonnes. . . . . .   36 »

HUARD DU PLESSIS.

Noyer (Le). Traité de sa culture, suivi de la fabrication des huiles de noix. 2ᵉ édit. 1 v. in-18 de 175 p. et 45 gr. (Bibl. du Cultiv.)   1 25

JACQUIN.

Melon (Monographie complète du). 1 vol. in-8 de 200 pages et 33 planches sur acier. Prix. . . . .   5 »

JAMIN et DURAND.

Catalogue raisonné des arbres fruitiers. 56 p. in-8.   1 50

JARDINS, etc.

Jardins (Traité de la composition et de l'ornementation des). 6ᵉ édition. 2 vol. in-4 oblong avec 168 planches gravées.   25 »

P. JOIGNEAUX.

Conférences sur le jardinage (légumes et fruits). 2ᵉ édit., (Bibl. du Jard.). 152 pages. 1 25

Le jardin potager. Ouvrage illustré de 95 dessins en couleur intercalés dans le texte. 1 beau vol. in-18 de 442 p. . . .   6 »

LABOURET.

Cactées (Monographie de la famille des), suivie d'un **Traité complet de culture** et d'une table alphabétique de toutes les espèces et variétés. 1 vol. in-12 de 732 pages. 7 50

LACHAUME.

Pêchers en espaliers (Conduite et taille des). 1 vol. in-18 de 212 pages et 40 gravures. . . . .   2 »

Poiriers et pommiers (Méthode élémentaire pour tailler et conduire les). 1 vol. in-18 de 285 p. et 49 grav. . .   2 50

LAHAYE.

Maladies organiques des arbres fruitiers, des causes et des moyens de les prévenir. 1 br. in-8 de 44 pages. 1 50

LEBOIS.

Chrysanthème (Culture du). 36 pages in-12. . . . . . .   » 75

LECOQ.

Botanique populaire. 1 vol in-18 de 408 p. et 215 grav.   3 50

Fécondation naturelle et artificielle des végétaux et hybridation. 1 vol. in-8 de 428 pages et 106 gravures. 7 50

LEMAIRE.

Cactées (les), Histoire, patrie, organes de végétation, inflorescence et culture, etc. (Bibl. du Jardin.), 140 p. et 14 grav. 1 25

Plantes grasses autres que Cactées. (Bibl. du Jard.).   1 25

LE MAOUT et DECAISNE.

Flore élémentaire des jardins et des champs, avec des Clefs analytiques conduisant promptement à la détermination des Familles et des Genres, et un Vocabulaire des termes techniques. 2 vol. petit in-8 de 940 pages . . . .   9 »

LEROY (André).

Catalogue de André Leroy (d'Angers). 1 v. in-8 de 140 p.   1 »

LEROY (Louis).

Catalogue général des arbres fruitiers et d'ornement de Louis Leroy (d'Angers). 1 vol. in-8 de 145 pages. . . . .   1 »

LIRON (DE) D'AIROLLES.

Catalogue des arbres à fruits, cultivés dans les pépinières des Chartreux de Paris, en 1775. 1 brochure in-18 de 82 pages. . .   2 »

Essais sur la botanique, la physiologie végétale et sur les phénomènes de la végétation, de la reproduction et de l'hybridation, in-8.   2 50

Poiriers (Les) les plus précieux parmi ceux qui peuvent être cultivés à haute tige. 2ᵉ édit. 1 vol. in-8 avec pl. . . . .   2 »

LOISEL.

Asperge. Culture. (Bibl. du Jard.). 2ᵉ édit. 108 pages et 8 gr.   1 25
Melon. Culture. (Bibl. du Jard.). 5ᵉ édit. 108 pages et 7 gr.   1 25

MARX-LEPELLETIER.

Rosier — Violette — Pensée — Primevère — Auricule — Balsamine — Pétunia — Pivoine. (Bibl. du Jard.) 108 p. 1 25

MENET.

Arboriculture (Traité élémentaire et pratique d'). 1 vol. in-8 de 78 pages et 17 planches 2 50

MOREL.

Orchidées (Culture des). Instructions sur leur récolte, expédition et mise en végétation, et liste descriptive de 550 espèces, 1 vol. 5 »

NAUDIN.

Potager (Le), jardin du cultivateur. (Bibl. du Jardinier). 187 pages, 31 gravures. 1 25
Serres et orangeries de plein air. 32 pages, in-8. . . » 75

NEUMANN.

Serres (Art de construire et de gouverner les). 1 vol. in-4 oblong, renfermant 83 planches. . . . . 7 »

NOISETTE.

Jardinier (Manuel complet du). 4 vol. in-8 et un supplément formant ensemble 2170 pages et 25 planches. . . . . 25 »

PONSORT (DE).

Pensée (Culture de la). (Bibl. du Jard.). in-8, 108 pages 1 25

PRÉCLAIRE.

Arboriculture (Traité théorique et pratique d'). 1 vol. in-8 de 178 pages et 1 atlas in-4 de 15 planches. . . . . . 5 »

PUVIS.

Arbres fruitiers. Taille et mise à fruit. (Bibl. du Jard.) 2ᵉ édition, 167 pages 1 25

PUYDT (DE).

Plantes de serre froide. (Bibl. du Jard.). 157 p. et 15 gr. 1 25

RAFARIN.

Serres (Chauffage des). 1 vol. in-8, 26 grav. 5 50

RAOUL (Abbé).

Arboriculture (Manuel pratique d'). 1 vol. in-18 de 204 pag. et 10 gravures. 2 50

RÉMY.

Champignons et truffes. 1 v. in-18 de 172 p. et 12 pl. color. 5 50
Jardinier des fenêtres (Le), des appartements et des petits jardins. 1 v. in-18 de 280 p. et 40 gr. 4ᵉ édition . 5 50

RIONDET.

Olivier (L'). in-18 de 159 p. (Bibl. du Cultiv.) 1 25

ROBAUX.

Indicateur horticole à l'usage des amateurs. Br. in-8. . 1 »

THIBAUT.

Pelargonium. (Bibl. du Jardinier). 2ᵉ édit. 108 p. et 10 gr. 1 25

VINCELOT (l'Abbé)

Réhabilitation du Pic-Vert ou réponse aux observations d'un propriétaire sur l'utilité du Pic. 3ᵉ édit., gr. in-8, 96 pages. . 1 50

VIGNE — BOISSONS — DISTILLATION — SUCRE

Martin (De).

Appareils vinicoles (Les) en usage dans le midi de la France. In-8 de 118 pages. . . . . 2 »

Michaux (A.).

Échalas (Plus d'). Échalas, paisseaux et lattes remplacés par des lignes de fil de fer mobiles. 18 pages et 1 planche . . . . . . » 40

Odart (Comte).

Ampélographie universelle, ou Traité des cépages les plus estimés. 5e édit. 1 vol. in-8 de 650 pages. 7 50

Vigneron (Manuel du). 3e édition. 1 vol. in-12 de 360 pag. 4 50

Perret.

Trois questions sur le vin rouge. 9 p. in-8, 4 fig. » 50

Robinet (fils).

Vins (Manuel pratique et élémentaire d'analyse des), 1 vol in-8 de 136 pages et 2 planches. . . . . 3 »

Seillan.

Vins du Gers. 11 pages in-4 et 1 carte. . . . . 1 »

Terrel des Chênes.

Vins (Pourquoi nos) dégénèrent. in-8 de 48 pages . . 1 »

Vergne (De la).

Soufrage de la vigne (Instruction pratique sur le). 1 vol. in-18 de 82 pages et 1 planche 1 50

Vergnette-Lamotte.

Vin (Le). 2e édition. 1 vol. in-18 de 400 p. avec 5 pl. en couleur et 31 grav. noires. 3 50

Vignial.

Vigne (Hygiène de la). Moyen de lui rendre la santé sans le secours d'aucun remède. In-8 de 39 pages et 4 planches. . . . 1 »

Vinas (Voir Giret.)

Winkler.

Revue synoptique des principaux vignobles de l'univers. In-folio de 32 pages ou tableaux. . . . . 3 »

ABEILLES — MURIERS — SOIE — VERS A SOIE

Bastian (F.)

Abeilles (Les). Traité d'apiculture rationnelle et pratique. 1 v. in-18 orné de 49 gravures. 3 50

Blain.

Vers à soie du chêne (Notice pratique pour servir à l'éducation du). 1 brochure in-18 de 20 pages. . . . . . . 1 »

Boullenois (De).

Vers à soie (Conseils aux nouveaux éducateurs de) 2e édition. 1 vol. in-8 de 224 pages et 2 planches. 3 50

Boyer et Labaume.

Mûrier. (Culture du). 150 pages, 3 planches. . . . . 3 »

Charrel.

Mûrier (Manuel du cultivateur de). 1 v. in 8 de 268 p. 1 70

CHAVANNES (DE).

Mûrier. Manière de cultiver le mûrier avec succès dans le centre de la France. 1 vol. in-8 de 130 pages. 1 25

DEBEAUVOYS.

Apiculteur (Guide de l'). 6e édition. 1 vol. in-12 de 540 pages, avec fig. 2 50

DUSEIGNEUR.

Cocons et graines d'Italie. 16 pag. in-8. . . . . 1 »

GIRARD (Maurice).

Entomologie appliquée. Les insectes utiles (vers à soie et abeilles) et les insectes nuisibles. In-8 de 39 pages. 1 50

GIVELET.

Ailante et son bombyx (L'). Culture de l'ailante, éducation du ver que cet arbre nourrit, valeur et emploi de la soie qu'on en tire. Ouvrage orné de plusieurs plans et de 14 planches coloriées. . 5 »

GUÉRIN-MENNEVILLE.

Muscardine. In-8 de 186 pages. . . . . 3 »

LEFÈVRE (EM.).

Abeilles à propos de la ruche Krug (Les). 1 vol. in-18 de 72 pages. . . . . » 75

MASQUARD (EUG. DE).

Maladies des vers à soie (Les). Causes, nature et moyens de les prévenir. 1 vol. in-8 d'environ 300 p. L'ouvrage se compose de 3 parties. 1re partie, historique. 2e partie, théorie. 3e partie, pratique. Prix de l'ouvrage complet. 3 50
En vente : 1re partie et documents. 1 75

PERSONNAT.

Ver à soie du chêne (Conférence sur le), (Bombyx Yama-maï); donnée au Palais de l'Industrie de Paris, le 28 août 1865. . . 1 »

Ver à soie du chêne (Le) à l'Exposition universelle de 1867. Insectes utiles vivants. Br. in-8 avec grav. . . . . . . 1 »

Ver à soie du chêne (Le), bombyx Yama-maï, son histoire, son acclimatation, son éducation, ses produits. 4e éd., in-8 avec 3 pl. col. 5 »

ROUX.

Vers à soie (Les). 1 vol. in-12 de 245 pages. 1 25

SAGOT (Abbé).

Petit traité spécial de la culture des abeilles avec l'aumônière ruche à cadres et greniers mobiles. In-18, figures. . . 1 »

SOCIÉTÉ SÉRICICOLE.

Société séricicole (Annales de la), pour la propagation et l'amélioration de l'industrie de la soie. 15 vol. grand in-8 et 15 planches. La collection complète. . . . . 175 »

VERS A SOIE.

Vers à soie. *Régénération. — Cause de l'épidémie. — Moyen de la combattre,* par un piocheur. 5e édition. In-8, 31 p. . . . . . . 2 »

BOIS — FORÊTS — CHARBON

ARBOIS DE JUBAINVILLE (D').

Assolements forestiers (Utilité des). In-8 de 48 pages   2 »

Balivage (Règlement du) dans une forêt particulière. 1 brochure in-8 de 64 pages. 2 »

ÉCONOMIE DOMESTIQUE — CUISINE

Bréviaire des gastronomes. Aide-mémoire pour ordonner les repas. 1 volume in-16 cartonné de 186 p. . . . . 2 »

Cuisinière de la campagne et de la ville (La), par L. E. A. 1 volume in-12 avec figures. 42ᵉ édition. . . . . 3 »
> DELAMARRE.

Vie à bon marché (La). 2ᵉ édit. 1 vol. in-12 de 708 p. . 3 50
> EMION (V.).

Taxe (La) du pain, avec préface par Borie. In-8 de 108 p . 4 fr.
> LECLERC.

Caisse d'épargne et de prévoyance. Lettres à un jeune laboureur. 3ᵉ édition. In-12 de 60 pages. . . . . » 25
> MARTIN (DE).

Fromages (Études sur la fabrication des), fermentation caséique. Grand in-8 de 60 pages. 1 50
> MICHAUX (Mᵐᵉ).

La cuisine de la ferme. 1 vol. in-18 de 180 p . (Bibliothèque du Cultivateur.) 1 25
> MILLET-ROBINET (Mᵐᵉ).

Bon domestique (Le). 1 volume in-12 de 204 pages. . . 2 »

Conseils aux jeunes femmes. 1 vol. in-18 de 284 pages et 30 gravures. 3 50

Économie domestique. (Bibl. du Cultiv.) 3ᵉ édition, 245 pages et 78 gravures. 1 25

Maison rustique des dames. 2 volumes in-12, formant 1400 pag, avec 269 gravures, 7ᵉ édition, revue et augmentée 7 75

Cet ouvrage est divisé en quatre parties :

TENUE DU MÉNAGE	MÉDECINE DOMESTIQUE
Travaux. — Repas. — Comptabilité — Dépenses. — Mobilier. — Linge. — Conserves — Blanchissage.	Pharmacie. — Hygiène. — Maladies des enfants. — Médecine et Chirurgie. — Empoisonnement. — Asphyxie.
CUISINE	JARDIN — FERME
Potages. — Sauces. — Viandes. — Poissons. — Gibier. — Légumes. — Fruits — Purées. — Entremets. — Desserts. — Bonbons.	Jardins, Potagers, Fruitiers, Fleurs, etc. Ferme, Travaux des champs. — Basse-cour, Vacherie, Laiterie. — Bergerie, Porcherie.

Maison rustique des Enfants. 1 vol. in-4 de 329 p.; nombr. fig. dans le texte et hors texte. Prix broché. . . . . 15 »
Richement relié. . . . . 20 »
> SQUILLIER.

Denrées alimentaires (Traité populaire des) et de l'alimentation. 1 vol. in-12 de 452 pages. . . . . 3 »
> THOMAS.

Manuel des halles et marchés en gros. Guide de l'approvisionneur, de l'acheteur et des employés aux divers services de l'alimentation de Paris. 1 vol. in-12 de 516 pages. . . . . 3 »
> VACCA (E.).

Fromages dits de géromé (Fabrication des). Br. in-8. » 50
> VILLEROY.

Laiterie, beurre et fromages. In-18 de 590 p. et 59 grav. 3 50

JOURNAUX — PUBLICATIONS PÉRIODIQUES

6ᵉ ANNÉE. — 1869

GAZETTE DU VILLAGE

Fondée par VICTOR BORIE

Rédacteur en chef : Eugène LIÉBERT

PARAISSANT TOUS LES DIMANCHES

Prix d'abonnement, rendu *franco* à domicile : un an. . . 6 fr.

— — six mois. . 3 fr. 50

16 centimes le numéro

Ce journal, contenant 8 pages à deux colonnes, format des journaux littéraires illustrés, publie, chaque semaine, des articles ayant pour but de mettre à la portée de toutes les intelligences les notions élémentaires d'économie rurale, les meilleures méthodes de culture, les inventions nouvelles ; de faire connaître les principales industries et les procédés employés par elles ; de populariser les voyages entrepris dans des contrées lointaines ; de raconter la vie des hommes utiles à l'humanité, et de tenir enfin les lecteurs au courant de tout ce qui se passe d'intéressant dans le monde industriel et agricole.

Il donne, en outre, un grand nombre de faits, recettes, procédés divers utiles aux cultivateurs et aux ouvriers.

Une partie du journal, consacrée aux *lectures du soir*, contient un roman choisi avec la sollicitude la plus scrupuleuse.

Instruire et moraliser sans ennui, tel est le programme de la *Gazette du village.*

En vente :	1ʳᵉ année 1864.	4 »
	2ᵉ — 1865.	4 »
	3ᵉ — 1866.	4 »
	4ᵉ — 1867.	4 »
	5ᵉ — 1868.	4 »

On s'abonne à **Paris, rue Jacob, 26,** en envoyant un mandat de SIX francs sur la poste. (Les frais de ce mandat ne sont que de 6 centimes.)

41ᵉ ANNÉE — 1869

REVUE HORTICOLE

JOURNAL D'HORTICULTURE PRATIQUE

FONDÉE EN 1829 PAR LES AUTEURS DU BON JARDINIER

Rédacteur en chef : E. CARRIÈRE

Chef des pépinières au Muséum d'histoire naturelle

PRINCIPAUX COLLABORATEURS :

D'Airolles, André, Bailly, Baltet, Boncenne, Bossin, Bouscasse, Carbou,
Chabert, Chauvelot, Denis, de la Roy, Doumet, du Breuil,
Durupt, Ermens, Gagnaire, Glady, Gloede, Groenland, Guillier, Hardy, Houllet,
Kolb, Lachaume, de Lambertye, Lecoq, Lemaire,
André Leroy, Martins, de Mortillet, Naudin, Neumann, d'Ounous,
Pépin, Quetier, Rafarin, Robine, Sisley, Verlot, Vilmorin, etc.

PRIX DE L'ABONNEMENT POUR LA FRANCE ET L'ALGÉRIE

Un an (janvier à décembre) : 20 fr.

La **Revue horticole** est envoyée *franco* contre le payement du
montant de l'abonnement, d'une des trois façons suivantes :

Envoi d'un mandat sur la poste	Envoi en timbres-poste	Envoi de l'autorisation à MM. les Administrateurs de faire traite
Un an. . . . 20 »	Un an. . . . 20 80	Un an. . . . 20 90
Six mois. . . 10 50	Six mois. . 10 50	Six mois. . . 11 40

Adresser les mandats de poste, timbres-poste, autorisations de traite,
à MM. Bixio et Cᵉ, 26, rue Jacob, à Paris.

PRIX DE L'ABONNEMENT D'UN AN POUR L'ÉTRANGER

Franco jusqu'à destination.

Italie, Belgique et Suisse. . . .	20 fr.
Angleterre, Egypte, Espagne, Pays-Bas, Turquie, Allemagne, Autriche.	23
Colonies françaises, Montevideo, Uruguay.	25
Etats-Pontificaux.	24
Brésil, Iles Ioniennes, Moldo-Valachie.	26
Portugal.	24

Franco jusqu'à leur frontière.

Grèce.	23 fr.
Suède.	23
Pologne, Russie.	23
Buenos Ayres, Canada, Colonies anglaises et espagnoles, Etats-Unis, Mexique.	25
Bolivie, Chili, Nouvelle-Grenade, Pérou, Java.	29

N. B. — La *Librairie agricole* envoie un numéro spécimen de la *Revue
horticole* à toute personne qui lui en fait la demande.

— 50 —

33ᵉ ANNÉE — 1869

JOURNAL
D'AGRICULTURE PRATIQUE

MONITEUR DES COMICES, DES PROPRIÉTAIRES ET DES FERMIERS

(Seconde partie de la *Maison rustique du dix-neuvième siècle*)

Fondé en 1837 par Alexandre Bixio

Rédacteur en chef : E. LECOUTEUX
Propriétaire-Agriculteur
MEMBRE DE LA SOCIÉTÉ IMPÉRIALE ET CENTRALE D'AGRICULTURE DE FRANCE

Secrétaire de la rédaction : M. A. de GÉRIS
Gérant responsable : M. Maurice BIXIO

PRINCIPAUX COLLABORATEURS :

MM. Bouley, Boussingault, Brongniart, Combes, H. Deville,
Duchartre, Dumas, Michel Chevalier, Naudin, Payen, Wolowski, etc.,
Membres de l'Institut,

MM. Amédée Durand, Béhague (de), Bella, Boris,
Bouchardat, Dampierre, Gayot, Guérin-Menneville, Heuzé,
Kergorlay (de), Magne. Moll, Henny de Mornay (de)
Nadault de Buffon, Reynal, Robinet, Vibraye (de), Vogué (de), etc.,
Membres de la Société impériale et centrale d'agriculture,

Et un nombre considérable d'agriculteurs, de savants, d'économistes,
d'agronomes de toutes les parties de la France et de l'étranger.

Ce journal est autorisé à traiter les matières d'économie politique et sociale. Il paraît toutes
les semaines par livraison de 40 pages in-8

FORMANT CHAQUE ANNÉE
DEUX BEAUX VOLUMES ENSEMBLE DE 1,700 A 2,000 PAGES
Avec de belles gravures noires dans le texte

PRIX DE L'ABONNEMENT POUR LA FRANCE ET L'ALGÉRIE

Le **Journal d'agriculture pratique** est envoyé *franco* contre le payement du montant de l'abonnement d'une des trois façons suivantes :

Envoi d'un mandat sur la poste	Envoi en timbres-poste	Envoi de l'autorisation à MM. les Administrateurs de faire traite
Un an. . . . 20 »	Un an. . . . 20 80	Un an. . . 20 90
Six mois. . . 10 50	Six mois. . . 10 90	Six mois. . . 11 40

Adresser les mandats de poste, timbres-poste, autorisations de traite, à MM. Bixio et Cᵉ, 26, rue Jacob, à Paris.

PRIX DE L'ABONNEMENT D'UN AN POUR L'ÉTRANGER

Franco jusqu'à destination.		*Franco jusqu'à leur frontière.*	
Italie, — Belgique et Suisse. .	20 fr.	Grèce, — Suède.	28 fr.
Angleterre, — Égypte. — Espagne, — Pays-Bas, — Turquie.	25	Pologne, — Russie.	32
Allemagne, — Autriche, — Portugal.	27	Buenos Ayres, — Canada, — Colonies anglaises et espagnoles, — Etats-Unis, — Mexique, —	
Colonies françaises, — Montevideo, — Uruguay.	30	Bolivie, — Chili, — Nouvelle-Grenade, — Pérou, — Java. .	33
Etats-Pontificaux.	28		
Brésil, — Iles Ioniennes, — Moldo-Valachie.	33		

N. B. L'administration envoie un numéro spécimen du *Journal d'agriculture pratique* à toute personne qui lui en fait la demande.

2ᵐᵉ *année.*— 1869

LES

NOUVELLES MÉTÉOROLOGIQUES

PUBLIÉES SOUS LES AUSPICES

DE LA SOCIÉTÉ MÉTÉOROLOGIQUE DE FRANCE

COMMISSION DE RÉDACTION :

MM. Ch. **SAINTE-CLAIRE-DEVILLE**, président.
MARIÉ-DAVY, secrétaire.
RENOU, LEMOINE, SONREL.

Les Nouvelles météorologiques paraissent le 1ᵉʳ de chaque mois par livraisons de 32 pages.

PRIX DE L'ABONNEMENT POUR LA FRANCE ET L'ALGÉRIE :
Un an : 15 fr.

PRIX DE L'ABONNEMENT D'UN AN POUR L'ÉTRANGER :
Les frais de poste en sus de 15 fr.

On s'abonne à Paris, à la Librairie agricole, rue Jacob, 26, en envoyant un mandat de poste de 15 francs pour la France et les colonies, et les frais de poste en sus pour l'étranger.

ENSEIGNEMENT PRIMAIRE AGRICOLE

BIBLIOTHÈQUE AGRICOLE DES ÉCOLES PRIMAIRES
à 75 centimes le volume

BONCENNE.

Horticulture (**Cours élémentaire d'**). 2 vol. in-18, formant ensemble 312 pages avec 85 grav. 1 50

BORIE (V.)

Jeudis de M. Dulaurier (Les). 2 vol. in-18 de chacun 126 pages et 40 gravures. 1 50

J. CHALOT.

Devoirs de l'homme envers les animaux. in-16 de 128 p. » 75

DOUAY (EDM.)

Grammaire française raisonnée, avec exemples agricoles 1 vol. in-18 de 128 pages . . . . » 75

Alphabet et syllabaire. 1 vol. in-16, orné de vignettes . » 75

Tableau alphabet. In-plano. . . . . » 35

HEUZÉ (G.).

Lectures et dictées d'agriculture, revues et annotées. 1 vol. in-18 de 128 pages. . . . . » 75

LAURENÇON (C.)

Traité d'agriculture élémentaire et pratique. 2 vol. in-18 avec figures 1 50

LEFOUR.

Arithmétique agricole. in-16 de 128 p., ornées de gr.. . » 75

VIDAL.

Loisirs (les) d'un instituteur, 1 vol. in-8, 128 p. . . . » 75

Sept tableaux muraux pour l'enseignement agricole. 1° Outils de main-d'œuvre ; — 2° instruments d'extérieur de ferme ; 3° Instruments d'intérieur de ferme ; — 4° plantes alimentaires et industrielles ; — 5° plantes fourragères ; — 6° arbres fruitiers et forestiers ; — 7° animaux domestiques.

Chaque feuille ou tableau, 30 cent.; — les sept tableaux, 1 fr. 80 c. — port en sus pour la province.

SOUS PRESSE :

Histoire d'un domaine du département de l'Allier et du grand Jacquet, métayer, par MM. Méplain aîné et Taizy. 1 vol. in-18. . . . . » 80

La Librairie agricole de la **MAISON RUSTIQUE** publie chaque année un bel **ALMANACH-CALENDRIER** richement exécuté en chromo-lithographie, et contenant au verso un aide-mémoire avec les renseignements indispensables aux cultivateurs, tels que : Travail qu'on peut exiger des attelages, d'un journalier; poids de toutes les denrées ; rendements des animaux, etc.

Le prix de l'**ALMANACH-CALENDRIER pour 1869** est de **2 fr.**

BIBLIOTHÈQUE DU CULTIVATEUR

Publiée avec le concours du Ministre de l'agriculture

36 volumes in-18, à 1 fr. 25 le volume

SOUS PRESSE :

Arbres à cidre, par J. Oudin.
Chèvre (La), par Huard du Plessis.
Culture des abeilles, par J. Pelletan.
Huiles de graines et tourteaux, par Huard du Plessis.
Pigeons, dindons, oies et canards, par J. Pelletan.
Plantes oléagineuses (Les), par G. Heuzé.

Chacun de ces volumes est vendu séparément.

BIBLIOTHÈQUE DU JARDINIER

Publiée avec le concours du Ministre de l'agriculture

17 volumes in-18 à 1 fr. 25 le volume

Arbres fruitiers. Taille et mise à fruit, par Puvis. 2ᵉ édition. 167 pages 1 25
Arbrisseaux et arbustes d'ornement de pleine terre, par Dupuis. 122 p. et 25 grav. 1 25
Asperge. Culture, par Loisel. 2ᵉ édit. 108 p. et 8 grav. . . . 1 25
Cactées (Les), par Ch. Lemaire, 140 p. 11 grav. 1 25
Conférences sur le jardinage (légumes et fruits) 2ᵉ édition, par Joigneaux. 152 pages 1 25
Culture maraîchère pour le midi de la France, par A. Dumas. 2ᵉ édition. 144 pages 1 25
Jardins et parcs, par de Céris. 1 vol. in-18 avec 60 grav. . 1 25
Melon. Culture, par Loisel. 5ᵉ édition. 108 pages et 7 grav. . 1 25
Pélargonium, par Thibaut. 2ᵉ édit. 108 pag. et 10 grav. . . 1 25
Pensée (Culture de la), par le baron de Ponsort. 1 volume de 108 pages 1 25
Pépinières, par Carrière. 148 pages et 30 gravures 1 25
Pétunia — Rosier — Pensée — Primevère — Auricule — Balsamine — Violette — Pivoine, par Marx-Lepelletier. 108 pages 1 25
Pincement court ou Pincement des feuilles, 2ᵉ édition, par Grin 1 25
Plantes grasses autres que Cactées, par Ch. Lemaire. 1 25
Plantes de serre chaude et tempérée, par Delchevalerie. 1 25
Plantes de serre froide, par de Puydt. 137 p. et 15 grav. . 1 25
Potager (Le), jardin du cultivateur, par Naudin. 187 p., 31 gr. 1 25

Chacun de ces volumes est vendu séparément.

SOUS PRESSE :

Arbres d'ornement de pleine terre, par Dupuis.
Arbustes verts; conifères, par Dupuis.
Broméliacées, par Morren.
Camélias, Azalées, Rhododendrons, par Ch. Lemaire.
Dahlias, Reines Marguerites, Chrysanthèmes, par E. Touzé.
Fougères (Les), par Ch. Lemaire.
Fraisiers, framboisiers et groseilliers, par Robine, aîné.
Fruits (Cueillette et conservation des), par Personnat.
Graines et semis, par J. Groenland.
Haies vives, défensives et ornementales, par Hélye.
Orchidées, par Delchevalerie.
Palmiers (Les), par Ch. Lemaire.

Phlox. Glaïeuls, par Personnat.
Plantes à feuillage cultivées pour appartements, par Delchevalerie.
Plantes à fleurs cultivées pour appartements, par Delchevalerie.
Plantes aquatiques, par E. Touzé.
Plantes bulbeuses ordinaires, par Bossin.
Plantes d'appartement, par J. Groenland.
Plantes de plates-bandes rustiques, par E. Touzé.
Plantes grimpantes rustiques, par Verlot.
Plantes pittoresques ou à feuillage ornemental, par Ch. Lemaire.

TABLE ALPHABÉTIQUE DES NOMS D'AUTEURS.

L'astérique indique la répétition du nom de l'auteur dans la même page.

PARIS. — IMP. SIMON RAÇON ET COMP., RUE D'ERFURTH, 1.

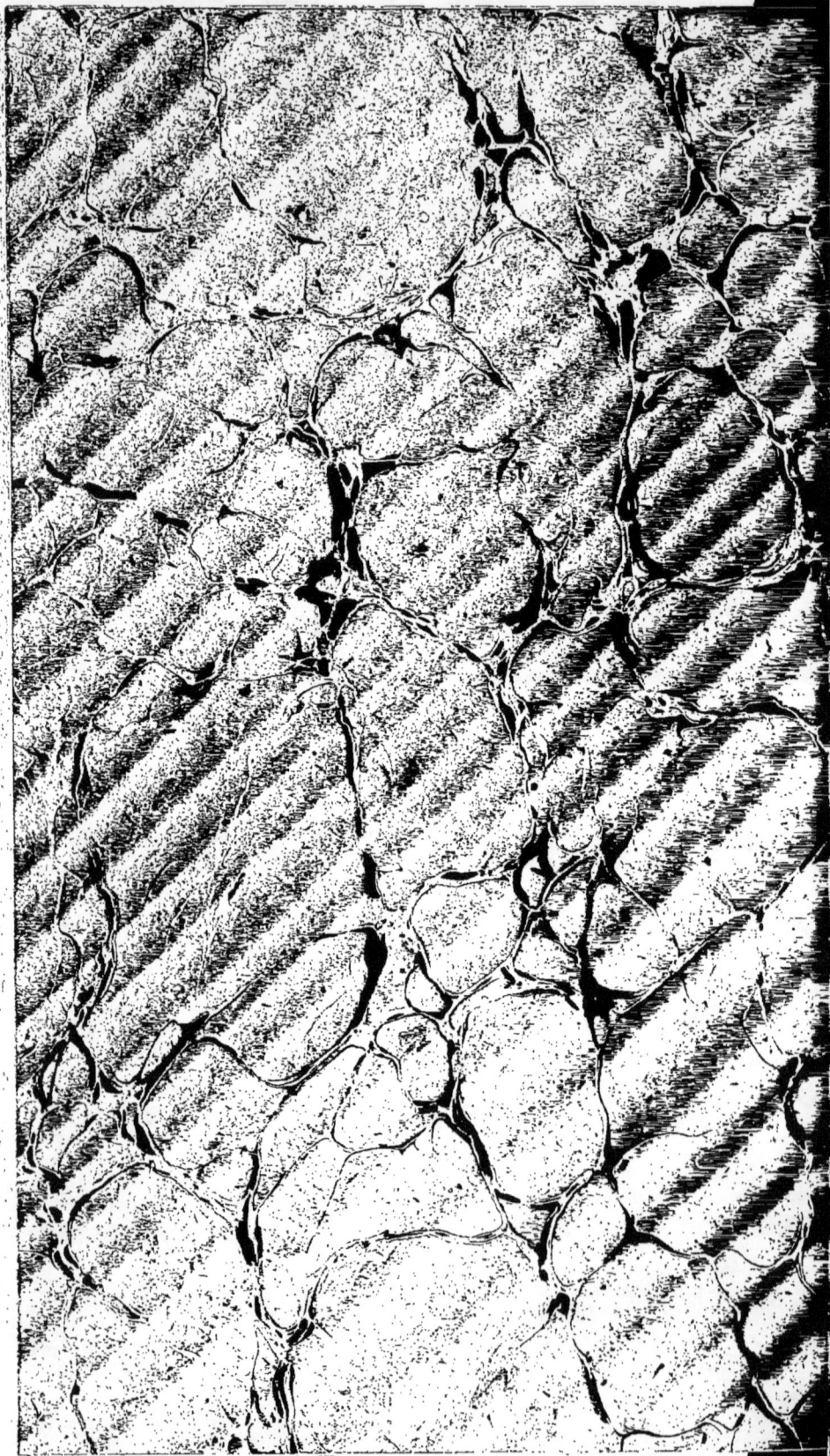